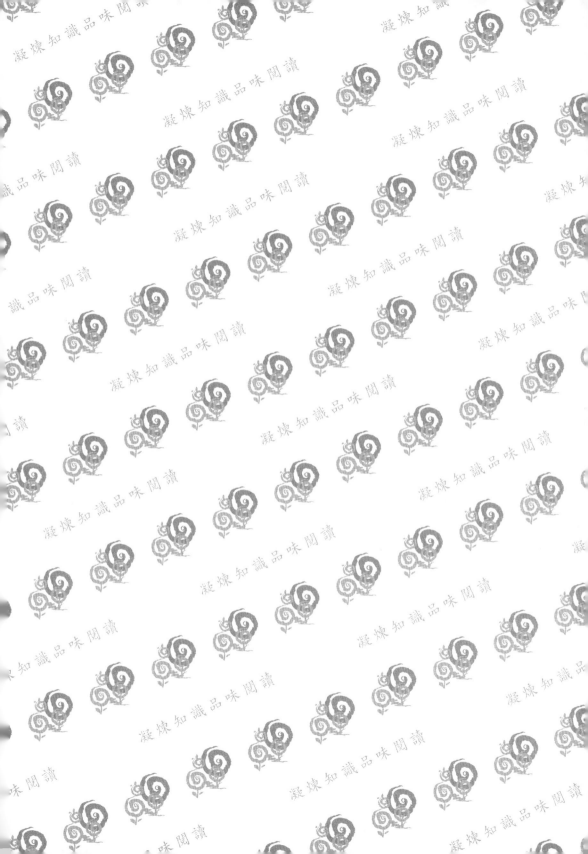

圖解

企業危機管理

第三版

朱延智 博士 著

五南圖書出版公司 印行

 **作者序**

　　2022年俄烏戰爭爆發，造成全球糧價、油價的高漲，疫情也加劇威脅，換言之，在這個時代，會造成企業危機的因素太多了，有誰想到曾經是全球5G的領頭羊——華為，竟會身陷危機的風暴？而無數的企業，也因無法順利處理危機，而破產倒閉，最後無奈、被迫離開市場。企業倒閉的結果，卻留下許多無辜失業的勞工，以及痛苦的家庭。

　　新冠病毒的疫情，在2021年嚴重威脅企業的營運與發展，以日本為例，已超過2,000家企業破產，1成以上的餐飲店倒閉；瑞士則約有5,200家以上的公司倒閉，最嚴重的應該是中國大陸，統計至去年11月底，已有437萬家中小企業倒閉。但是目前大學企業管理相關科系，除了傳統的「產、銷、人、發、財」等管理外，應該要教學生，如何預防危機、如何處理危機。畢竟有哪一個企業，從創業開始，發展至今，是完全沒有遇到危機呢？台塑前董事長王永慶、鴻海郭台銘、台積電張忠謀、遠東徐旭東……，誰沒有碰到危機？幾乎都有！既然有，誰來教他們企業危機處理呢？翻開臺灣各大學企業管理的課程中，有哪一個學校將「企業危機管理」列為必修？既然是一定會遇到的危機，卻不列為必修，這就是疏失！對我國企業發展，就是傷害！

　　因此，有品牌聲譽的台塑、南亞等公司，一碰到大火危機，竟困坐愁城；鴻海子公司富士康的跳樓危機，也是一樣！還有上海一封城，我國上市櫃公司達161家，都停工待變。這些的企業危機，學校該教，卻沒有教，怎麼辦？本書提供了自修的機會。

　　本書不僅適合在學學生，更適合廣大上班族，尤其是現任行銷企劃、生產研發、人事財務等主管、未來希望擔任這些部門的主管，以及企業的領導人，本書一定要研讀。

　　本書是以圖解的方式呈現，所以更有利於您的閱讀。同時所用的案例，除國際著名案例外，更加上許多本土案例，因此有助您的快速吸收。願　上帝打開您的心，知道本書的重要、關鍵！更願　上帝幫助您，吸收本書的精華。

　　本書問世，除了要感謝愛我的　上帝外，五南圖書的張毓芬小姐及侯家嵐小姐，還有本書的編輯群，沒有你們的幫忙，這本書是無法正式的出版。在此，我要鄭重地謝謝你們！

朱延智 老師

Mail：yjju@gmail.com

本書目錄

本書目錄

本書目錄

第 9 章　企業危機處理個案

引言

　　不少企業危機處理的經驗，都是以血淚換取來的。為什麼都要以血淚來換取呢？一方面，危機管理的教育不多，因此難以借助別人的經驗與案例，降低我們自己失敗的經驗；二方面，我認為是多數人對於危機的內涵與定義，有所偏差。

　　近年來企業危機不斷，危機處理日漸重要。然而在管理界，對企業危機處理理論的建立與實務的探討，卻非常缺乏。在每天的新聞用語中，「危機」這個詞，濫用程度極為嚴重。這個詞的內涵，幾乎就是意外或災難的等同語，其實這是不對的！因此，本書對企業危機處理會有精闢的解說並輔以案例作說明。

第 1 章

企業危機管理的
內涵、特質、迷思

章節體系架構

Unit 1-1 認識企業危機

一、從造字源頭理解

(一)中國人「定義」

危機 = 危險 + 機會

一般中國人對危機的定義，是從字面上的「危險」加上「機會」來表達。這裡所指的「機會」，不是指獲得額外更多的利益，而是指隱含存在脫險的機會，或降低危機爆發時，可能出現的不利效應。

(二)古希臘「定義」

危機 = 特殊狀況下，必須做出決定。

從古希臘的字根來說，危機較著重在解決的面向，當時的意義，被視為「決定」。但這項「決定」是在危機爆發後，面對極為險峻的狀況時，才正式開始處理。

二、《韋氏大字典》

「一件事的轉機，與惡化的分水嶺」，又可闡釋為：「生死存亡的關頭」，以及可能好轉，也可能惡化的「關鍵剎那」。

三、總結

(一) 突發事件；

(二) 威脅到企業的基本價值或高度優先目標；

(三) 對企業主及員工心裡震撼大；

(四) 危機資訊相對缺乏；

(五) 必須在時間壓力下處理；

(六) 處理結果絕對影響企業的生存與發展。

著名案例

1982年，嬌生公司(Johnson & Johnson)出品的膠囊，遭人惡意下毒，導致7位消費者的意外死亡。董事長柏客(James Burke)認為，嬌生公司是為了大眾健康而存在，在以消費者利益為優先考量的前提下，他立刻全面從全國各商店的貨架上和家庭藥箱中，回收3,100萬個膠囊。同時，嬌生公司的發言人，不斷在媒體上大聲疾呼，請消費者停止購買這種膠囊。工廠也開始重新設計包裝，讓民眾可以拿舊產品去更換。另一方面，嬌生公司開放了800條民眾諮詢專線，並懸賞10萬美元，緝捕嫌犯。這一連串的處理，使嬌生公司的市占率，很快地恢復到危機前的95%。

老祖宗的認知

中國　　　希臘

危險　機會　　危險　決定　→　老祖宗的認知

《韋氏大字典》

轉捩點　　　危機《韋氏大字典》　　　分水嶺

向上提升

向下沉淪

國際對「危機」標準定義

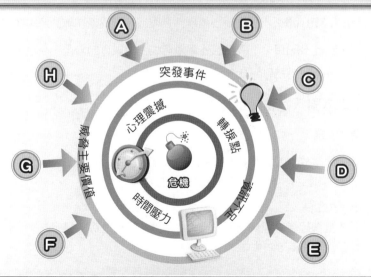

Unit **1-2**
國際學者對「危機」的定義

一、英美學者對「危機」的定義

(一)Otto Lerbinger：對於危機的界定是：「對於公司未來的獲利率、成長、甚至生存，發生潛在威脅的事件。它具有三種特質：1.管理者必須認知到威脅，而且相信這種威脅會阻礙公司發展的優先目標；2.必須認知到如果沒有採取行動，情境會惡化且無法挽回；3.突然間所遭遇。」

(二)Barton：「將危機刻劃為一種具有三項特性的情境：1.突然性；2.必須在時間壓力之下做決定；3.高度威脅到主要價值。」

(三)Karl W. Deutsch：「危機應有四種特性：1.危機包括一個重要的轉捩點在內，以致事件發展可能有不同結果；2.必須做某種決定；3.至少有一方面的主要價值受到威脅；4.必須在時間壓力之下做決定者為限。」

(四)Dieudonn ee ten Berge：「1.必須立刻決策；2.不行動可能產生更為嚴重的後果；3.有限的選項；4.不當決策可能有廣泛的影響；5.具目標衝突的群體必須要處理；6.主要行政幕僚直接涉入。」

(五)Kathleen Fearn-Banks：「一個主要事件，可能會對企業帶來阻礙影響正常交易，及潛在威脅企業生存的負面結果。」

(六)Donald A. Fishman：「1.發生不可預測事件；2.企業重要價值受到威脅；3.由於危機並非是公司企圖，所以組織扮演較輕微的角色；4.時間壓力：企業對外回應時間極短；5.危機溝通情境，涉及多方關係的劇烈變遷。」

(七)Ian I. Mitroff：「危機是一個事件實際威脅到或潛在威脅到組織的整體。」

(八)Michael Bland：「嚴重意外事件造成公司人員的安全、環境，或公司產品信譽被不利宣傳，而使公司陷入危險邊緣。」

二、日本學者對「危機」的定義

(一)瀧澤正雄

「1.危機即事故；2.危機即事故發生的不確定性；3.危機即事故發生的可能性；4.危機即危險性的結合；5.危機即預料和結果的變動。」

(二)增永久二郎

主持日本危機經營處理研究所的增永久二郎，對於危機的界定是：「妨礙到公司的存亡、高級幹部和員工的生命。」

危機的定義

瀧澤正雄
事故、不確定性、危險結合、變動

Otto Lerbinger
威脅、行動、突然

Barton
突然、時間壓力、威脅

Donald A. Fishman
不可預測、威脅、非企圖、時間壓力、變遷

危機

Dieudonn
決策、嚴重後果、有限選項、影響、處理、幕僚

增永久二郎
存亡、生命

Karl W. Deutsch
轉振點、決定、威脅、時間壓力

Kathleen
交易阻礙、生存威脅

Unit **1-3**
企業危機定義的核心

　　企業危機的核心，就是威脅到：企業的基本價值，或高度優先目標。但若強調突發性，這也可能帶來致命缺失。因為很多危機的發生，並非突發性，而是結構一點一滴地發展。

　　　　過度強調「突發性」的致命缺失→
　　　　　　處理失去先機＋失去警覺＋欠缺預防＋成功機率降低

一、處理失去先機

　　危機既然是突發的，危機處理必然是在危機爆發後，才進行處理，那麼處理的人當然是在爆發後，才開始處理。這樣的處理，就常落入驚慌失措中，在資訊不足的情況下被迫進行。您認為這樣的處理，成功機率有多少呢？所以危機的起始點，絕對不是突發的。而事實上，許多的危機，常是日積月累，只是我們沒注意到它的變化與徵兆；也因此這樣的定義，讓我們失去處理先機。

二、失去警覺＆欠缺預防

　　《左傳・襄公十一年》云：「居安思危，思則有備，有備無患。」意指在平安穩定的環境當中，就應該要想到預防，這樣才可能將發生的危險和災難，事先作好應變防範；有準備，就可以避免災難發生。

三、成功機率降低

　　在危機爆發前，若沒有周全的預防，一旦爆發後，可選擇的處理工具與資源，都會相對缺少，而壓力又是這麼大。如鴻海董事長郭台銘處理富士康的跳樓事件、台塑董事長王永慶在處理麥寮大火事件，都凸顯那樣的壓力，連平日績效卓著的經營者，都陷入痛苦壓力的深淵。所以如果是等危機爆發才處理，這樣的處理曠日廢時，而且成功機率降低。

案例一　大眾銀行遭搶

　　臺北縣三重市重新路3段92號的大眾銀行三重簡易分行，在2006年6月1日遭搶。
　　危機可能結果──銀行形象及金錢損失
　　預防得當──公司已在危機爆發前，就有預防，並使工作人員辨識槍枝。因此案發當時，工作人員識破歹徒所持的是玩具手槍，並通告現場人員。所以大家在無懼假槍的情況下，立刻逮住歹徒。

危機不是突發

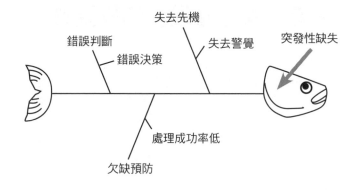

失去先機

錯誤判斷　失去警覺　突發性缺失

錯誤決策

處理成功率低

欠缺預防

危機量表

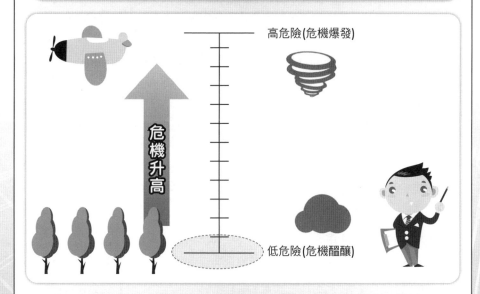

危機升高

高危險(危機爆發)

低危險(危機醞釀)

007

案例二　第一銀行遭竊

　　2011年4月，第一商業銀行的自動櫃員機(ATM)，遭竊新臺幣274.5萬元。金管會表示，第一銀行南京東路分行對ATM備份鑰匙，簽封管理不實，未落實金庫門密碼變更、保密，以及未遵守裝卸鈔後，密碼鎖亂碼程序，導致分行暴露於高度作業風險，使有心人士有機可乘，因此處300萬元罰鍰。遭竊還被罰，這就是欠缺危機預防。

Unit **1-4**
企業「危機管理」的重要性

　　美國及歐洲等知名大學的商學院，已將這門可以挽救企業於危亡的學問——企業危機管理——列為一門重要的課程。為何如此重要？因為公司一旦遭遇危機，就可能面臨法律訴訟(形象與律師費)、政府部門調查或罰款、失去重要客戶、商譽受損、員工士氣低落、員工忠誠度降低、市場競爭力降低、生產力降低、變更公司名稱、獲利減少(和解賠償金；租用記者招待會場地；保險費調漲；員工慰問金；員工加班津貼；公關遊說費用；專業顧問費用；視訊會議與網路費用)。

一、遭遇危機的必然性

　　人沒有不生病的，企業也沒有不發生危機的！這不是會不會發生，而是何時發生的議題。以華為風暴為例，它是全球不可忽視的科技巨霸，5G的領頭羊，且已超越蘋果，成為全球智慧型手機數一數二的製造商，誰能相信這樣的企業，也會發生危機？事實上，如此強大的企業，真的也會陷入危機風暴。所以不是企業強或企業大就不會遭遇危機！

　　(一)美國道瓊工業指數的歷史證明：美國道瓊工業指數(Dow Jones Industrial Index)自1896年創始至今，當初的上市公司，經過一個世紀的考驗，如今碩果僅存的只有奇異(公司)一家，其餘都從世上消失。奇異公司不是沒有遇見危機，而是處理得當。

　　(二)企業生命期限：全球前500大企業平均壽命為40年；日本頂尖企業過去百年，企業平均壽命30年；我國中小企業壽命約20年；中國民企約7年半。

　　(三)500強企業普查：2012年美國《危機管理》一書的作者菲克普，公布對《財富》雜誌排名前500強的大企業董事長和CEO，所作的專項調查，其中80%的被調查者認為，現代企業面對危機，就如同人們必然面對死亡一樣，已成為不可避免的事情。

二、遭遇危機可能結果

　　沒有危機管理，一旦遭遇，就可能造成企業資金虧損，形象信譽受損，更嚴重的情形，甚至導致人才外逃，以及公司倒閉。

危機爆發→資金虧損→商譽形象受損→人才外逃→公司倒閉

影響政府稅收
影響政府產業鏈
影響政府員工家庭
股東

　　商譽是企業最寶貴的資產，但也是最脆弱的資產。以塑化劑風暴為例，很多廠商在不知情的情況下，不但資金損失，同時也要面對企業信譽和形象受損。

三、永續生存的關鍵

　　無論企業曾經有過多少輝煌燦爛的經營史，只要沒有危機管理，就有可能在危機的大浪中，消失的無影無蹤。所以企業有無危機管理，是企業永續生存的關鍵。

危機爆發後的傷損

倒閉

客戶流失

人才外逃

忠誠度↓

士氣↓

資金損失

罰款、專業顧問費、慰問金、律師費

形象敗損

臺灣20年

500大40年

企業生命

中國民企7.5年

日本30年

 案例一 豐田汽車

　　長久以來，豐田汽車公司的品牌，一直是品質和可靠性的代名詞。日本豐田汽車公司因為油電車Prius的ABS煞車系統，出現安全上的問題，因而引起美國國會的介入調查。然而豐田汽車卻未能即時提供資訊，且高層在第一時間還刻意隱瞞，造成美國及全世界對豐田的質疑，甚至懷疑豐田著名的「品管圈」(quality control circle)是否失靈。在那次的危機中，豐田汽車公司宣布召回賣出的43萬7,000輛汽車回廠維修(需付出20億美元)，公司股價下跌17%，更面臨多起法律訴訟。豐田未能即時的回應，並執行相關的補救動作，導致企業形象受損更加惡化，損失擴大。

案例二 新學友書局＆錦繡文化出版集團

　　2001年的新學友書局、2002年的錦繡文化出版集團倒閉危機，這些企業危機的爆發，背後有結構，結構背後有趨勢，而且是二種以上危機因子的結合，如教育部規定以聯合議價的方式，來壓低教科書的成本，又如國內閱讀率偏低，圖書中盤商利潤降低等因子結合所致。

Unit 1-5
企業危機管理的定義

目前對「危機管理」領域，做出較具體明確定義的中外學者，可以讓人立刻了解者，歸納如下，以供比較參考：

一、國外學者對「危機管理」的定義

(一)美國學者Steven Fink：「對於企業前途轉捩點上的危機，有計畫地挪去風險與不確定性，使企業更能掌握自己前途的藝術。」

(二)美國學者Philip Henslowe：「任何可能發生危害組織緊急情境處理的能力。」

(三)美國南加大商學院教授Ian I. Mitroff & Christine M. Pearson：針對1,000家以上的企業及500位經營管理者進行訪問後，對於「危機管理」有其特殊的界定：「協助企業克服難以預料事件的心理障礙，好讓經營管理者在面對最壞狀況時，能做最好的準備。」

(四)華盛頓大學教授Kathleen Fearn-Banks：對於危機或負面轉捩點，運用戰略性計畫除去風險和不確定性，以及允許組織對於前途有更大控制力的過程。

(五)日本學者瀧澤正雄：將危機發現與危機確認，作為危機管理的出發點，他認為「危機管理」為發現、確認、分析、評估、處理危機等，此為危機管理的流程，同時在這一過程中，始終必須保持「如何以最少費用取得最大效果」為目標。

二、國內學者對「危機管理」的定義

(一)國內學者邱毅：「組織體為降低危機情境所帶來的威脅，所進行長期規劃與不斷學習、反饋之動態調整過程。為使此一過程能高效率的進行，危機管理的小組編制，是絕對必要的。」

(二)朱延智博士：綜合國內外學者對於企業危機管理的觀點，將危機管理定義為：「有計畫、有組織、有系統地在企業危機爆發前，解決危機因子，並於危機爆發後，以最快速、有效的方法，使企業轉危為安。」

小博士解說　臺南企業——轉型獲消費者認同

1992年臺南企業在上海，成立了品牌公司。當時是從單賣西裝褲開始做起，在中國這個成千上萬家品牌廝殺競爭的市場中，連賠了7年，業績也一度慘到董事會幾乎決定要結束經營！這些威脅到公司的生存與發展，所以是典型的危機。危機管理除了要預防之外，就是要處理、要溝通。

1998年公司轉型強調品牌包裝，以及堅持走中高價位的上班族路線，終於獲得中國消費者認同，營收開始三級跳。同時，自我品牌的夢想，終於成真！

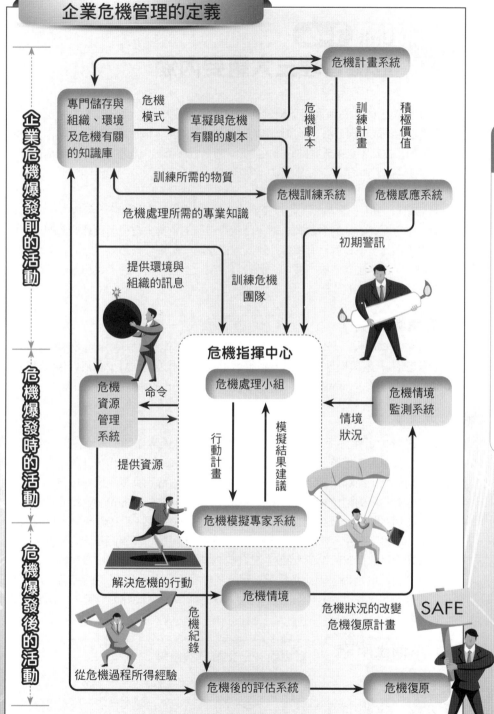

資料來源：Nunmaker, J. F. (1989). "Organization Crisis Management System", *Journal of Management Information Systems*, Vols, No. 4, p. 16.

Unit 1-6
危機管理三大重要內涵

　　解決企業危機，必須進行危機管理。危機處理涉及到的面向很多，重要者，譬如：專案小組的成員與分派、形象修復的評估與策略運用、危機處理的程序與作法、危機處理的損害控制，其中最關鍵的三大內涵，包括危機預防、危機處理、危機溝通。

一、危機預防

　　預防重於治療，是老祖宗告訴我們的道理。可是多數人對於「危機」，都有種「死道友，免死貧道」的看熱鬧心態，總覺得自己的企業，自己所負責的部門，不會那麼倒楣！因此，平日就沒有做好扎實的危機預防。其實經營績效再好的企業，若欠缺危機預防，也會碰到危機，譬如王品曾經發生「重組牛肉」的形象和信任危機，聯電也爆發「和艦案」的危機。

二、危機處理

　　三流的危機處理，恐怕不但會將小事變大，更可能導致一發不可收拾的災難，甚至企業倒閉。危機處理過程中，必須著重scope(找出危機)、analysis(分析)、prioritize(掌握重點)、implement(執行方案)、management(處理)。

三、危機溝通

　　企業危機的事件，常具備衝突性、影響性和特殊性等新聞的要件，因此在本質上，即容易吸引記者報導。然而此時企業，常會以一般的反射動作，就是從自己的角度思考應對策略，而非以滿足外界期望為優先。在無法解除外界疑惑與焦慮下，因而無法迅速平息外界的指控和批評。所以企業必須要outside in thinking(從外界角度思考)，以消費者關心的問題為出發，告訴社會大眾，我們現在正在做什麼，以及未來如何避免問題再次發生，才能有效化解危機。特別是媒體，在不能獨漏的情況下，必須滿足閱聽大眾的需求，以及不能別家媒體有危機訊息，而自己卻沒有相關的資訊，為了不造成自己的危機，因此必然千方百計，尋找消息來源(不道德的媒體，就有可能自己想像，自己作文章)。對企業永續生存來說，誠實是最好的對策，但誠實是要付出代價的！

小博士解說　　富士康——化解危機應變

　　郭台銘在富士康員工「12跳」後，危機處理先是宣布加薪30%，繼而再加薪60%，以預防「13跳」的危機。郭台銘如何能一邊為82萬名員工加薪，一邊又降低成本？這就靠著他的危機溝通能力，第一爭取客戶的支持，以改變品牌大廠(Apple)剝削血汗勞工的印象；第二轉嫁下游零組件；第三遷廠。

危機管理內涵

預防＞治療

危機管理

危機溝通

媒體效果

危機處理

找危機　分析危機　掌握重點　全方位關照　執行方案

✎ 案例 金車公司

　　2008年9月中旬，中國爆發毒奶事件時，奶製品相關產業者人人自危，毒奶恐慌迅速蔓延全臺。以「Mr. Brown」咖啡起家的金車公司，當下立即主動送驗旗下產品，並在得知送驗結果後，迅速、開誠布公地主動告知消費者，旗下部分商品，確實已受三聚氰胺汙染，除公開道歉外，並積極協助消費者辦理退貨。金車勇於負責的表現，雖賠上鉅額營收，卻大大提高了在消費者心中品牌的價值。對金車來說，面對危機處理有二大重點，其一為有效的處理方式，第二為配合媒體，正確地把企業後續處理方式「傳播」出去，最後透過電視廣告，向大眾消費者報告事發前後的產品差異。

Unit **1-7**
企業危機的特質

將企業危機歸納為以下六大特質：

(一)程度性：危機有程度上的差別，嚴重者可稱為企業核心危機(core crisis)，輕微者可稱為企業邊陲危機(pherferial crisis)。至於程度如何測量，不同學派有不同指標，例如：從溝通學派或傳播學派，就會從媒體採訪的家數及驅力，以及社會關注程度作為危機的指標。本書特別提出「企業痛苦指數」，作為測量企業危機程度的機制。

(二)破壞性：企業危機若未能妥善處理，輕者可能會傷害公司形象，以及降低大眾對該企業的信賴；重者可能使企業破產或立即倒閉。此外，危機中雖有轉機，但絕不代表轉機會自然降臨。

(三)複雜性：從企業危機的個案分析中發現，危機很少是單一因素造成的。它常是由內在經營或行銷結構，以及外在市場條件的變化等錯綜複雜的因素互動所造成的。例如：企業財務危機，絕對不是只有人事成本高，或每月需支付的利息高，其中可能牽涉投資計畫、經營戰略等層面的問題，當然也可能牽涉大環境的經濟不景氣，導致周轉不靈，超過企業可忍受的臨界點，最後走向倒閉或關廠的不歸路。

(四)動態性：危機絕非靜止不動，星星之火在適當的環境下，就會變成燎原的野火。企業如果因外在環境，或內在結構而產生危機，此種危機絕不會客觀靜止，如同無生命地僵化在原範圍或原議題上，而是會隨著企業處理，評估是否具有正確性與即時性，而使企業危機降低或升高。企業危機變化的每一階段，幾乎都具有因果關係，所以不能疏忽企業危機的動態性。

(五)擴散性：一個危機會引爆另一個危機，未徹底解決前，可能產生擴散效應。譬如，日本311大地震的危機，引爆大海嘯危機，大海嘯又釀成大核災的危機，就是危機擴散的說明。又例如：歐債危機，造成需求大幅萎縮，連帶衝擊到以歐洲為出口的國家經濟表現。更嚴重者，可能帶來骨牌效應。

1.同質性擴散：若危機仍在企業領域之內，則屬於同質性擴散。例如：盛香珍的產品(蒟蒻果凍)，造成美國消費者傷害，而被美國高等法院判處高額的賠償金額時，若此危機引爆該公司的財務危機，這是屬於同質性擴散。

2.異質性擴散：若危機向非企業領域擴散，則屬異質性擴散。如影響政府稅收，衝擊相關產業鏈(含資金面)，打擊股東，痛擊員工家庭，甚至會引發社會問題、政治問題及教育問題。以SARS危機為例，提供醫療服務的和平醫院，當危機未妥善處理，而變成泛政治化之後，脫離企業的範疇，此時就屬於異質性擴散。

(六)結構性：不同的企業型態，就存在不同的潛在結構危機。

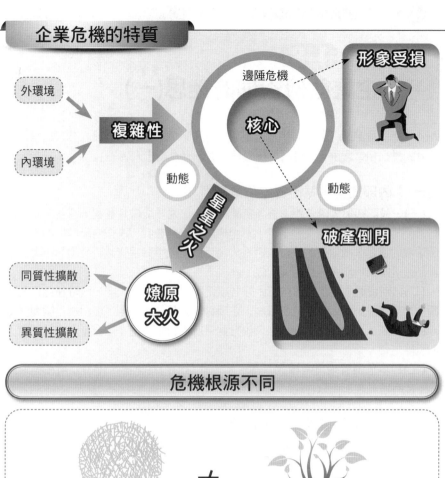

企業危機的特質

外環境 → 內環境 → 複雜性 → 邊陲危機 核心

形象受損

動態　　　　　動態

星星之火

同質性擴散 ← 燎原大火 → 異質性擴散

破產倒閉

015

危機根源不同

結構A ≠ 結構B

知識補充站

昔日的滾石唱片有五月天、梁靜茹這兩組大牌藝人，應該是賺了不少，可是為什麼還會發生財務危機？若是從結構了解，是最佳途徑。

　　1.網路盜版：失敗的原因是因為盜版的問題，網路上盜版太多，版權無法受到保護，試了四、五年，這個部分一直沒有進帳收入，總計約虧損了1,000萬美元。

　　2.進軍海外市場失敗：約在1990年時，滾石唱片開始在香港、新加坡、馬來西亞、中國、日本、韓國、泰國、菲律賓等地設立分公司，這些海外的發展，後來也造成了滾石很大的虧損。十幾年累積下來，虧損也差不多有1,000萬美元。

Unit 1-8
企業危機管理的迷思(一)

「迷思」的意思，就是群體認為是對的，所以朝這個方向發展。其實它是錯的！因此其結果則相當嚴重。在企業危機管理方面，有幾項重大迷失。

迷思一：內部完善，就不會出現危機？

(一)一般認知與實際差距：很多企業認為，只要一切盡其在我，將各方面的制度做得愈完善，危機就會消失。事實上，企業僅能盡其在我，掌握內部環境的因素。但外部環境的變化，或政府的經貿決策、天災巨變、競爭對手突然研發出具市場競爭力的產品，這些都可能會導致企業危機。

(二)特別提醒：不是企業內部做好各項管理，就能長治久安。同時在此也要特別提醒公司高層決策者，以往危機處理，主要靠的就是經驗法則。但環境是動態變遷，而非停滯不動，所以如何從經驗法則提升到系統的科學法則，是企業危機管理刻不容緩的戰略主軸。

(三)日本危機管理思考模式：在日本經營者的潛意識裡，認為公司在經營過程中，不能有所失誤，所以往往出現否定危機存在的傾向。

迷思二：企業危機處理＝企業危機解決？

一般人很容易誤認，進行企業危機處理，就等於解決企業危機！

(一)盲點：既然已經危機處理，那當然是解決危機。但為什麼又不等於危機解決呢？這主要是關係到處理戰略的正確與否，以及處理的速度是否能超過危機的擴散性。

(二)「＝」的關鍵：企業危機處理是否能等於解決危機，關鍵在於正確且即時的處理。如果是不正確的危機處理，不僅無法解決危機，更可能會加重危機的嚴重程度，而使危機升高。

小博士解說

戰爭的衝擊，對當地國產業的影響，極為驚人！北韓在2013年4月宣布戰爭「引爆的時刻，急速逼近，今天或明天，就會爆發戰爭」。由於北韓可能動用核武，所以朝鮮半島情勢，格外緊張！此時，我們是否可以說，南韓三星企業集團，因內部組織精實，生產品質嚴格，國際行銷有效，就沒有外在戰爭威脅？這是不正確的說法！

瘟疫一旦流行，將使企業的供應鏈、物流系統，以及國與國的經貿交流，造成重大衝擊。2013年4月中國H7N9的禽流感，快速蔓延！累計病例達14，其中5死9搶救。中國衛生部門表示，將調動全中國衛生資源和力量，來對付禽流感。我們是否可以說，中國已經進行危機處理，所以等同於禽流感的威脅，已經解決？當然不行！

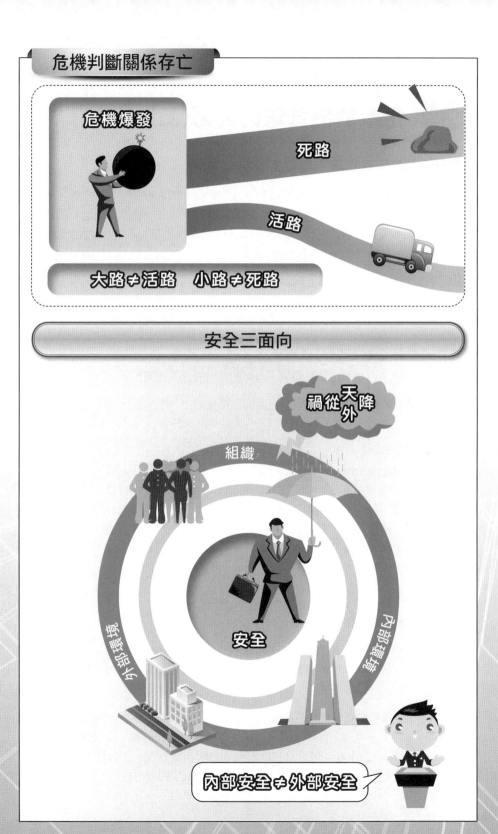

危機判斷關係存亡

危機爆發

死路

活路

大路 ≠ 活路　小路 ≠ 死路

安全三面向

禍從天外降

組織

外部環境

內部環境

安全

內部安全 ≠ 外部安全

Unit 1-9
企業危機管理的迷思(二)

迷思三：企業不會出現「危機幻覺」？

(一)「危機幻覺」內涵：由於危機的根本解決，主要是依賴人的判斷，然而人的主觀因素(經驗、情緒、年齡和性別等)，以及外在刺激的干擾，常是錯覺的重要來源。這種與相應現實的客觀情境不符的主觀認知，而出現歪曲外在刺激強度的現象，就是所謂的「危機幻覺」(crisis hallucination)。

(二)「危機幻覺」結果：危機幻覺會造成輕估、低估、高估等錯估的現象。這種幻覺可能使危機升高，也可能浪費企業寶貴的資源，而延誤危機的處理。企業決策階層的錯誤判斷，如同埋下一枚定時炸彈，將使複雜不安的危機更為惡化。

迷思四：企業危機絕對可以避免？

危機的發生，可能來自於外環境，也可能來自於企業內環境。

(一)內環境危機來源：內環境危機是可以避免的！一般來說，內環境的危機，可能由於資本能力、銷售能力、技術能力、商品、成本經營、人才、勞動力等方面所致。內環境所產生的危機，企業絕大部分都可以反求諸己，不斷地改進加強。

(二)外環境危機來源：外在大環境之變，以及變中所隱含的危機，絕非操之在企業主的手中。外環境是客觀的外在形勢，尤其是自然界的危機(如921大地震)，更非企業的主觀意志所能左右。諸如匯率、市場競爭、火災、地震、水(旱)災、竊盜、詐欺、國際局勢、軍事衝突、法制、人口、科學技術變遷速度、油價漲跌……，都顯示不是所有的危機，可以靠自己單方面的意志或努力，所能完全避免的。

如果不曾未雨綢繆、防範危機於未然，一旦危機爆發，同樣會使企業陷入致命的深淵。

迷思五：危機＝轉機

(一)國人喜歡把危機解釋為「危險」與「轉機」，似暗示有危險，也就會有轉機。但是，此一說法卻是把危機管理，看得太過於簡單與輕易，忽視了危機的複雜度與困難度。

(二)危機非自然變成轉機：危機變成轉機，關鍵在於看到危機中轉變的機會。但在高度緊張壓力下，若非事前經過專業訓練，危機很難變成轉機。以2002年5月25日之華航澎湖空難，與2000年10月31日新航桃園機場空難為例，在危機爆發後，尚未墜機前，於龐大壓力且時間又極短的情況下，有多少成功處理的機率？

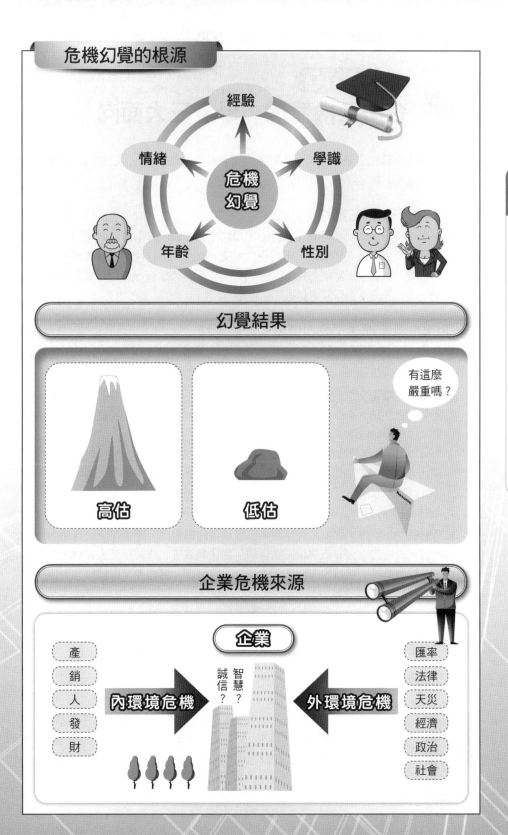

危機幻覺的根源

經驗

情緒　　學識

危機
幻覺

年齡　　性別

幻覺結果

高估　　低估

有這麼
嚴重嗎？

企業危機來源

產
銷
人
發
財

企業

內環境危機

誠信？　智慧？

外環境危機

匯率
法律
天災
經濟
政治
社會

Unit **1-10**
企業危機管理「學」三大面向

在21世紀全球化的競爭時代，「營運管理」與「危機管理」，已成為企業經營的兩大重點，這猶如鳥之兩翼、車之雙軌，缺一不可。

一、企業被淘汰的五階段

美國學者吉姆‧科林斯(Jim Collins)，提出「企業淘汰五階段」的理論。指出成功的企業，通常會經過五個階段，步向衰亡。第一階段：生意成功令企業變得過度自信；第二階段：追求無止境擴充營運規模；第三階段：否定危機存在；第四階段：等待救世主；第五階段；企業價值耗盡。

二、企業危機管理決定公司優勝劣敗的關鍵

對於企業主及經營者來說，是一種生存不可或缺的戰略指針。企業危機管理「學」，也因此成為熱門的學問。這門學問來自於三大面向：

(一)國際危機衝突：危機管理是二次大戰後，在美蘇雙方都擁有核子彈的情況下，為避免衝突升高，進而失控，最後爆發核戰的情況下，根據經驗逐漸累積而成的一門科學。這些經驗包括：

1. 1947年美國在杜魯門總統任內，特別在國家安全會議之下，成立了危機小組，希望在急迫又影響國家存亡的重大事件上，能採取立即而又適當的行動方案。

2. 柏林危機、古巴飛彈危機、韓戰、越戰，以及伊朗人質事件等。

(二)醫學：人生病，從初期的徵兆，到極嚴重的爆發期，醫生在急迫時間的情況下，治療病人的疾病，因而發展出預防醫學、臨床醫學等。無論是個人疾病，或傳染性疾病，整體的流程，在醫學有所謂的潛伏期、爆發期、處理期。這些概念對危機處理學，形成重要的主軸。

(三)企業危機處理：企業面臨危機，不是只有一天，而是長時間的面對，自然累積成相當程度的經驗。1982年美國爆發著名的「泰利諾膠囊」中毒事件後，危機管理就正式被引入企業管理的學術領域與實際的運用當中。

小博士解說　**日產汽車——扭轉劣勢**

日本的日產汽車(Nissan)公司，在1999年時，幾乎面臨破產的命運。扭轉公司劣勢命運的高恩指出，他反敗為勝的方法，主要包括1.向員工解釋公司的策略及優先順序；2.用心傾聽，然後決定自己的路；3.要改變一家公司，必須先改變想法；4.危機處理的行動愈快愈好；5.一起同甘共苦。

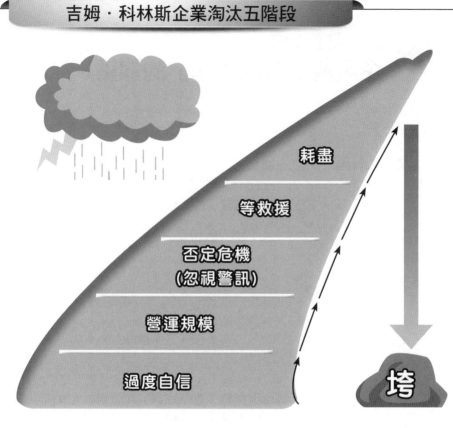

吉姆‧科林斯企業淘汰五階段

耗盡

等救援

否定危機
(忽視警訊)

營運規模

過度自信

垮

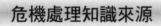

危機處理知識來源

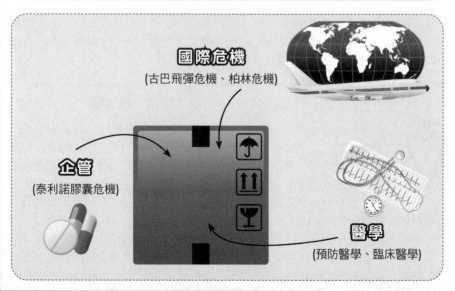

國際危機
(古巴飛彈危機、柏林危機)

企管
(泰利諾膠囊危機)

醫學
(預防醫學、臨床醫學)

Unit **1-11**
企業危機管理「學」的關鍵

天有不測風雲，人有旦夕禍福，很多危機並非企業主觀意志，所能加以左右。企業危機管理「學」，有其重大需要性。

一、企業危機管理「學」內涵

企業危機管理是一門客觀規律的科學，它是一門以科學為體、藝術為用的跨領域科際整合之系統學問。它整合了企業管理、危機管理、公共關係、行銷學、財務及金融理論、政治學、心理學、傳播理論、社會心理學、法律(民法、刑法、智慧財產權……)等學科。

二、危機管理的關鍵

在於「預防重於治療」。如何預防呢？如何治療呢？它需要結合「企業危機生命週期理論」與「企業痛苦指數」，共同作為治療企業危機的工具。

(一)理論上：如此將可化解危機、爭取機會(化危爭機)，即使無法化解，也可避開危機、爭取機會(避危爭機)。

(二)實際上：企業的資源有限、人力有限、財力有限，所以是不是絕對能針對所有類型中的各種企業危機，進行化解或避開，這是值得斟酌的。例如：1974年石油危機，造成許多產業的衝擊，其真正發生的原因，是由於阿拉伯國家以石油作為外交武器，轉變世界其他國家支持以色列的立場與態度。

(三)個別企業如何扭轉外在形勢的危機：企業只有在「見微」之際，推估「知著」的到來，及早進行準備。

企業危機管理的核心精神，在於「預防重於治療」，「有效預防、快速處理」以及「及早偵測、及早治療」。當前企業危機不但未能避免，似乎更朝加劇的方向發展。所以，危機管理實是企業經理人，一門必修的課。

小博士解說　　裕隆汽車——五次大規模人事變動

裕隆汽車前董事長嚴凱泰，對企業危機管理的關鍵，有其獨到的見解。他說：「企業像一條船，如果你明知前面有暗礁、有風暴，就要改道，避開可能沒頂的危險。」「過去掌握到的機會，似乎把現在的我們，推在高高的浪頭上，但是如果我們過於自滿，兩腳踩在半空中，而沒有危機意識，輕忽眼前任何管理細節上的瑕疵，浪頭愈高，我們就會跌得愈重！」

裕隆汽車曾經也不被看好，嚴凱泰即主導了五次大規模的人事變動，設立了「品質要狠、管理要快、市場要準」的新原則。由於他的危機處理，裕隆汽車陸續有佳績，如Cefiro、納智捷。2013年恰逢裕隆集團60周年，陸續發表Master CEO、MPV、Luxgen5 Sedan等新車，這說明危機處理要有效果，策略要對！

圖解企業危機管理

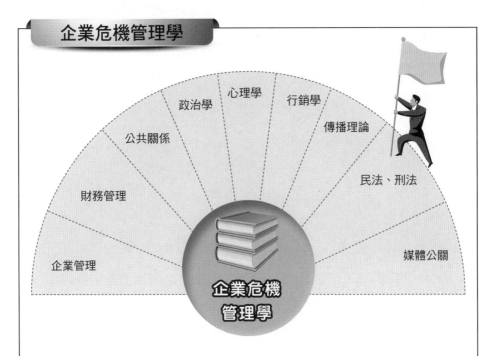

政治學　心理學　行銷學
公共關係
傳播理論
財務管理
民法、刑法
企業管理
媒體公關
企業危機
管理學

危機管理核心

快速處理
有效預防

及早偵測
及早治療

預防＞治療

危機管理核心

第 **2** 章

企業危機管理的來源與典範

●●●●●●●●●●●●●●●●●●●●●●●●●●●●●●●● 章節體系架構 ▼

Unit **2-1**
企業危機類型

　　企業經營的外在環境是會變化的，以前不曾出現的危機，並不代表以後就不會出現。美國以往未曾遭遇「911」恐怖攻擊事件，2001年就遭遇飛機惡意撞擊的恐怖危機。企業面臨的危機極為廣泛，如何將危機類型有效的歸類，使企業家及學習者，能盡快掌握相關可能遭遇的危機，確為企業應深入了解的當務之急。

　　掌握企業到底有哪些類型的危機，就比較容易針對這些類型，加以事先預防。

　　企業危機類型，到底有哪些？以下為學者歸納的企業危機類型：

一、Mitroffamp & Maccwhinney將危機以內在及外在、人為及非人為等變數區分為四大類

(一) 屬於內在的非人為危機，例如：工業意外災害，管線走火。

(二) 屬於外在的非人為危機，例如：天災(地震、瘟疫、颱風)。

(三) 屬於內在的人為危機，例如：廠內產品遭人下毒、掏空、罷工、集體貪汙。

(四) 屬於外在的人為危機，例如：仿冒、謠言、恐怖分子、產品遭人下毒。

二、Simon A. Booth從危機發展的速度，將危機分為三大類

(一) **蔓延性危機(creeping crisis)**：從表面看起來似乎一切正常，但實際上這種危機是慢慢地滲透發展，唯有部分接觸的公司職員才知道。因此在這個階段，如果欠缺良好的溝通管道，企業主管或高階人員，可能都無法確認危機的存在。

(二) **週期性危機(periodic threat)**：這種危機屬於週期性的，表面只有少數的人被牽涉在內，所以其他的人基本上是抱持消極的態度，但實質上對企業整體的士氣、民心，都會有所打擊。

(三) **突發性危機(sudden threat)**：以企業目前的能力，完全無法預期可能會遭遇的企業傷害，此類傷害最常被視為危機，如「921」大地震。

三、日本學者增永久二郎，將危機分成五種類型

(一) 地震、火山爆發、海嘯、颱風等天然事故。

(二) 國內外恐怖分子的攻擊行動。

(三) 國內外的戰爭、軍事衝突所引起的危機。

(四) 企業員工及高級幹部遭到綁架，所引起的危機。

(五) 其他有關人命、財產、環境等情況，預估將蒙受重大損失的危機。

四、政治大學校長吳思華對於企業營運所面臨的危機，歸納五大類

　　(一) 政治危機；(二) 法制危機；(三) 經濟危機；(四) 天然與流行疾病危機；(五) 社會危機。

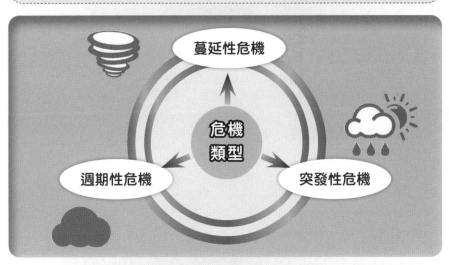

027

Unit **2-2**
中小企業&傳統產業危機結構

圖解企業危機管理

從俄烏戰爭、新冠疫情、雷曼兄弟的破產、全球金融海嘯、豐田汽車設計危機、鴻海集團的跳樓危機、台塑南亞的大火危機、日本大震後的連環危機、泰國大水危機，都在給企業一個提醒。那就是在這變幻莫測的經營環境，任何疏忽危機管理的企業，過去偉大的成就，可能瞬間就灰飛煙滅，就像紐約世貿雙子星大樓高聳的地標，成為歸零地(ground zero)。

危機中最複雜、難解者，莫過於結構性危機，說明如下：

一、臺灣中小企業結構性危機因子

(一) 濃厚家族化色彩，不易吸收外來優秀人才。
(二) 對政府法規及法規變化認識不足。
(三) 資金稀少，技術相對落後。
(四) 缺乏現代化的經營管理。
(五) 產品品質要求不夠嚴格。
(六) 國際商譽的維護不夠重視。
(七) 電子商務能力低(e化)。
(八) 家族董事會，易成一言堂。

二、傳統產業結構性危機

(一) 資金取得不易。
(二) 人工成本提高。
(三) 高環保標準。
(四) 研發能力不足。
(五) 取得工業區土地不易。

 案例一　中小企業

中小企業在融資、人力資源、與供應鏈上，本就相對脆弱。根據經濟部公司行號登記統計，當2008年全球金融危機最嚴重時，平均每天有236家停業、解散、撤銷登記。

案例二　傳統產業

瑞士鐘錶業在歐洲，乃至全世界，大多居於領先地位。但是到了1970年，瑞士的鐘錶王國地位，受到嚴重打擊。這主要是因為日本在1960年代，石英錶的革命性技術，超越了機械式鐘錶。因石英技術的出現，機械式鐘錶剎時變成落伍的表徵。鐘錶業的中心，也由瑞士移轉至日本。

中小企業結構性危機

一言堂

數位化能力低

不易吸收優秀人才

低商譽

中小企業結構性危機

法規變化認識不足

品質不穩

資金、技術不足

缺乏現代化經營管理

029

傳產結構性危機

資金取得不易

土地取得不易

傳產結構性危機

人工成本高

人工成本高

研發能力不足

高環保標準

Unit **2-3**
企業危機來源

2008年美國雷曼兄弟控股公司(Lehman Brothers Holdings Inc.)破產。2009～2010年鴻海在中國富士康集團的跳樓危機，2010年台塑和南亞的大火危機，2011年日本大地震和泰國大水，造成所在地企業危機，及相關供應鏈的危機，還有我國塑化劑重創食品業的危機，2012年面板廠友達公司的危機。為什麼連這些以往績優的公司，都會出現危機？到底企業危機是怎麼來的？

企業危機主要來自於，企業的外在環境與內在管理。

一、內在管理

內在環境的危機來源，譬如：生產品管不嚴(如雪印奶粉)、商品行銷策略不當、人力資源不足、技術創新能力過慢、財務管理失當、員工品德操守不良、市場調查錯誤、企業發展策略錯誤，以及欠缺企業倫理等因素所致。

二、外在環境

企業經營環境唯一不變的，就是變！經營環境唯一確定的，就是不確定！這些「變」與「不確定」，對企業而言，「變」雖可能對企業產生有利的影響，但若不注意，就可能威脅企業生存與發展。

(一)外在環境危機的內涵：1997年亞洲金融風暴，隔年，臺灣爆發本土型金融風暴，從東隆五金、新巨群、國揚、國產車等集團紛紛中箭落馬，而後風暴擴大到東帝士、台鳳、華榮(中興銀)、安鋒、廣三、長億、華隆、鴻禧，甚至力霸等集團。這些都屬於外在環境危機衝擊下，所引爆的企業危機。正如2018年中美貿易戰開打後，約500多萬的中國企業倒閉，同樣是因外在環境的危機所引爆。

政府頒布新的法律、市場新的技術、競爭者新的競爭戰略、社會結構的急遽變遷、全球性新的競爭趨勢、匯率(匯率過高對出口所造成的傷害)、市場過度競爭、地震(921大地震)、火山爆發、瘟疫(SARS)、政治衝突(釣魚臺主權爭議)，甚至2011年泰國大水，2020～2022年的新冠病毒(瘟疫)，對於企業來說，都可能造成致命的衝擊。

聖經是本準確的預言書，2000多年前就已明確指出世界末日前的四大徵兆，那就是戰爭、地震、饑荒以及瘟疫，而這四大災難，恰恰都是企業外環境危機的核心內涵。

(二)內在環境危機的內涵：這是指因企業內部的作為或不作為，而導致企業覆亡的危機。在企業的作為部分，最明顯的，就是企業主的不道德，造成其所提供的產品或服務，不但達不到品質的要求，甚至還透過廣告、行銷等技術的美化，使消費者掉入陷阱。因消費者的自保與反擊，反饋成企業的危機。最著名也最典型的風暴，就是中國的三鹿奶粉；在臺灣就是大統長基、頂新製油事件。除產品或服務不道德外，就是未善待員工所造成的反彈，如2019年華航機師罷工事件。

案例一　石油危機

回顧1974年世界發生第一次石油危機，當時每桶石油價格從2美元暴漲6倍，打擊相關使用石油的產業。化纖原料是石化產品，所以受到的衝擊頗深，產業蕭條景氣直落谷底，甚至部分化纖上市公司不敵那一波風暴，因此下市。

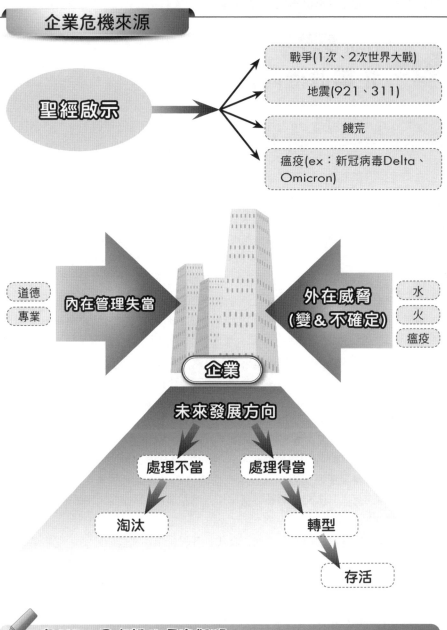

企業危機來源

聖經啟示

- 戰爭(1次、2次世界大戰)
- 地震(921、311)
- 饑荒
- 瘟疫(ex：新冠病毒Delta、Omicron)

道德
專業

內在管理失當

外在威脅
(變 & 不確定)

水
火
瘟疫

企業

未來發展方向

處理不當

處理得當

淘汰

轉型

存活

案例二　國際穀物價格飆漲

　　臺灣豬隻飼料有70%仰賴玉米，15%至20%則依賴黃豆豆粕。2008年國際穀物價格一路飆漲，造成飼料成本沉重。很多養豬業者是養一頭、賠一頭。因此，臺灣許多養豬戶撐不下去，其中有787戶退出市場，占全體養豬戶的6.2%，養豬戶數創下臺灣畜牧史上，最低的紀錄。

Unit **2-4**
企業危機內在來源

圖解企業危機管理

企業本身的策略導向、規章制度、業務規範、人員運用管理與訓練、資金運用、研究與行銷、生產作業、市場推廣等領域，都有可能成為企業危機內在來源。

企業危機內在來源說明如下：

一、制度缺陷：再大、再知名的公司，內部都有不知道的危機。公司制度若出現問題，小則人事流動率高，重則影響企業生存與總體表現。這些制度包括人事制度、組織制度、績效獎勵制度、盈餘運用制度、資源運用制度、改進制度、資訊制度。目前臺灣143家中小企業，占全臺企業家數97.7%，逾6成沒有傳統規劃，這些都屬於企業內在危機。

二、市場調查錯誤：市場調查就是運用科學的方法，有目地、系統地蒐集、記錄、整理，有關市場行銷資訊，進而分析市場。由於時局變化快，世事難料，一旦市場調查有誤，就可能錯估市場情勢，不是大量進貨，導致庫存滿倉，就是錯失重大商機。

三、企業發展策略錯誤：對企業來說，策略往往是發展的重大指標方向，是不能有錯的。在真實的經營環境中，許多企業通常在經歷挫敗，或困頓的事件以後，才領悟到以往的策略是錯誤的。藍色巨人IBM曾稱霸電腦業30年，卻因個人電腦的策略錯誤，差一點就遭市場淘汰。

(一)常見的策略錯誤：高估市場規模、產品設計出問題、產品之定位、定價或廣告策略錯誤、忽視不利之行銷研究結果等，都可能造成企業重大危機。

(二)萬客隆發展策略錯誤：萬客隆在臺灣發展，最後導致失敗是其發展策略有誤，主要的錯誤有：1.未能掌握顧客需求；2.地點不佳；3.商業環境轉變；4.策略轉變太慢；5.市場定位錯誤。

四、研發創新速度緩慢：在全球化時代，各國企業都在創新研發。產品開發進度緩慢，就是落伍！所投入的研發資金，也可能付諸東流。

五、管理出問題：生產、行銷、人力資源、研發及財務管理，是企業管理的核心。若是出問題，必然影響企業生存。

日本零食大廠Calbee因為在生產過程中，可能摻入碎玻璃，所以在2012年11月21日宣布，將回收名為「堅燒洋芋片」的9種包裝、534萬5,000包洋芋片商品。此舉影響企業形象，對財務傷害極大！

六、欠缺公司治理：企業由於內部控制薄弱、管理混亂，出現違法違紀事件、會計反映不實、費用支出失控、經濟效益低下、財產物資嚴重損失等經濟現象。

七、欠缺企業倫理：誠信、品質不能打折！企業遵守倫理規範、創造經濟價值，才會產生利潤。只有在倫理的基礎上，追求營利才會達成公益。

美國安隆(Enron)公司的破產保護案，到前太電財務長胡洪九200億元的掏空案，都是因欠缺企業倫理，而導致這些原本績優的企業，竟然如摧枯拉朽般倒閉。

032

推倒企業的力量

推倒企業
的力量

不利的大環境

制度缺陷

市場調查有誤

缺乏公司治理

策略錯誤

缺乏誠信道德

研發創新慢

競爭者

知識
補充站

近來韓國「三星滅臺計畫」，吵得沸沸揚揚，到底三星是怎麼做的？根據《今周刊》的調查與機密資料，三星「狙擊臺灣」的第一步是，徹底研究臺灣的產業結構後，認為臺灣競爭力的技術，主要是靠日本，所以撐不了太久。因此，大舉投資這些技術，以瓦解臺日DRAM聯盟。第二步是全面抽單加告密，徹底擊垮面板雙虎。三星、樂金把原本下給友達與奇美電的面板訂單，全部取消。此外，透過反托拉斯案，讓臺灣的友達、奇美、華映賠大錢，還面臨牢獄之災。三星則因汙點證人的身分，可免除罰款及坐牢。第三步是整合其供應鏈，以重挫宏達電：三星先來臺灣下一點單，以了解我供應商實力與強項，同時也投入創新研發，直到掌握關鍵性技術以後，就不再需要外部供應商了。第四步則是瞄準臺灣科技業的龍頭，鴻海與台積電，加以徹底殲滅。

Unit **2-5**
企業危機外在來源

圖解企業危機管理

彼得・杜拉克(Peter F. Drucker)：當今的企業管理正面臨危機，其原因可能不是因為我們做錯了事，而是因為時代改變了，當環境趨勢一旦改變組織所賴以生存基礎的假設，就不再合乎現實了。

一、經濟環境：在經濟景氣時，可以為企業帶來巨額利潤，但是在快速萎縮、蕭條時，卻可能對企業構成致命的威脅。金融危機、歐債風暴，中美貿易戰都曾造成需求急速萎縮，很多企業幾乎都虧損累累。甚至據統計2018年日本小型企業倒閉件數，也創8年新高，與金融海嘯時期差不多。

二、政治環境：政治環境對企業營運影響甚大！譬如：兩岸「統一」與「獨立」的衝突政治目標，使台商營運陷入險境；中日因釣魚臺主權衝突，日本在中國的企業，遭受重大威脅。政治環境若是劇烈變動，像軍事衝突(俄國、烏克蘭的戰爭威脅連遠在天邊的台灣金融產業，都高達2,291億元的曝險金額)、革命政變、戰爭，企業應如何接單、生產、交貨呢？

三、社會環境：社會因宗教、族群、意識形態等因素，而產生對立衝突，最後直接或間接的波及企業營運，而使企業發生虧損，或造成無法經營的現象。

四、天然災害：帝國Data Bank公布日本發生311大地震後，1年7個月內，受地震影響而破產的企業，達1,000家之多。越南遭受新冠病毒的干擾後，在2021年的上半年，就有7萬家企業倒閉。

五、價值的改變：社會價值的改變、社會思考的轉向，如檳榔業，因學界及醫界不斷強調致癌率。價值轉換，會使吃檳榔的人口愈來愈少，對檳榔業是威脅。

六、技術改變：全球化時代新技術不斷推陳出新，大量新產品被開發，造成產品生命週期不斷縮減，那麼企業的產品或服務的價格，逐漸就會受到限制。情形嚴重者，甚至產品或服務都可能被替代。

七、人口結構：少子化的人口結構，以及近年來同性戀議題漸入人心，更加深少子化的人口危機造成幼兒園的服務業、嬰幼兒童裝的製造業、提供嬰幼兒奶粉的產業、小兒科看診服務等，產生一定程度的危機。甚至未來房地產，也會因人口結構改變，而受到威脅與衝擊。(編按：事實上有關少子化的人口危機，根據衛福部最新核定本《我國少子女化對策計畫107年-111年》指出，影響生育率的因素多元，包含：(一)晚婚及不婚影響生育人數；(二)育齡婦女生育年齡延後；(三)育兒成本高，家庭經濟負擔沉重；(四)婦女難以兼顧家庭與就業，影響生育意願及勞動參與率。此外，家庭結構的轉變以及公共托育的不健全也增添育兒難度。)

八、法令：政府的法令具有強制性，企業必須遵守。為了阻止中國盜取美國企業的技術與智財權，美國對中國2,500億商品加徵關稅。因此造成中國許多企業倒閉，甚至有453家上市公司董事長「落跑」。又如美國交通部對豐田汽車(Toyota Motor)，處以1,640萬美元罰款，這是因豐田未即時向政府通報，油門瑕疵的問題。

九、骨牌牽連：生產營運必然有許多的「鏈」結，但稍有不慎，即可能被牽連，譬如2021年12月特斯拉執行長所創辦的SPACE X即傳出，該公司發展的低軌道通訊有可能破產，我國許多上市櫃的公司都將受牽連。

骨牌連鎖

經濟變動

匯率
需求

政治衝突

動亂
軍事衝突
戰爭
革命政變

價值改變

天災
環保

外環境
危機

技術改變

法令改變

社會動亂

族群
宗教

 案例 萬客隆

　　萬客隆初入臺灣時，因為產業性質特殊，違反當時的土地法使用管理法令，因此關閉了臺北五股及高雄店。這也造成它7年內沒有再開店。發展速度因而延緩，最後使競爭者超越它。

Unit **2-6**
經營環境六大危機

　　企業經營環境六大危機變數分別為：同業競爭的威脅、潛在競爭者的挑戰、替代品的壓力、供應商的背離、經營環境結構改變、市場需求萎縮等。

　　一、供應者背離：產品若受到少數供應商壟斷，對供應商的依賴程度就愈高，受制於人的程度就愈高。如果這些關鍵性零組件供應商的背離，就會造成企業危機。鴻海2013年1月傳出江西工廠，千名員工罷工事件，即為供應鏈的背離。

　　二、市場需求不足：市場需求不足，屬於企業外環境的危機結構。因為有效需求不足，就會使許多企業關門歇業。國內汽車廠在民國70-80年間，每年大約有60萬輛的市場，現在僅25萬輛左右，需求不足，所以國內汽車廠不是倒閉就是出走，或是代銷國際大廠的利基型產品。

　　三、同業過度競爭：2018年製作蛋糕的知名品牌「白木屋」，就因不堪市場競爭激烈，成本上漲，而宣布停業。影響企業之間相互競爭的壓力因素，有8大項：產業成長率、競爭者進入市場的速度、戰略性市場、高時間壓力或儲存成本、產品差異化(differentiation)程度低、轉換成本(switching costs)、退出障礙、高固定成本。

　　四、替代品威脅：例如：手機取代「呼叫器」；CD取代傳統唱片與卡帶；3D動畫取代特技演員；無線射頻辨識系統取代結帳員；紙本報業在網路時代日漸消逝。當出現下列四者的情形時，替代品的威脅就愈大：(一)替代品的替代程度高；(二)替代品的功能與品質，較原產品佳；(三)替代品的相對價格更便宜時；(四)消費者的轉換成本減少。

　　五、經營環境結構改變：經營環境唯一不變，就是變！經營環境唯一確定，就是不確定！SARS、2008年金融海嘯、量化寬鬆政策、中東的戰爭，以及2018-19年對臺商影響深遠的中美貿易大戰，都是屬於經營結構改變。2018年中國有超過1,000萬民營企業倒閉，2019年仍持續中。最具代表性的是觀光產業，該產業成「慘」業。有的旅遊公司，超過1年半沒帶團，2021年5～7月，由於疫情升高，所以被列為3級警戒，這2個月台灣小型企業關門倒閉，達3,700多家，無薪假達4萬人之多。

　　六、潛在競爭者威脅：《大英百科全書》(*Encyclopaedia Britannica*)的危機案例，最具有代表性。這家具有200年以上的歷史企業，同時也是全世界最具權威的參考書公司。1990年時，《大英百科全書》的銷售額，達到歷史的高峰，約有6,500萬美元，市場占有率穩定成長。但自1990年起，由於光碟版的百科全書異軍突起，造成《大英百科全書》市場占有率節節下滑。

　　經營《大英百科全書》的公司，錯估形勢，認為這只是小孩的玩具，僅比電動玩具好玩一點，應該不具殺傷力，所以完全沒有任何回應措施。當時《大英百科全書》公司的定價，是1,500至2,000美元；光碟版的百科全書，如微軟(Microsoft)的英可達(Encarta)多媒體百科，標價僅50至70美元。最後經營《大英百科全書》的公司被銀行拍賣，而走入歷史。

經營環境危機

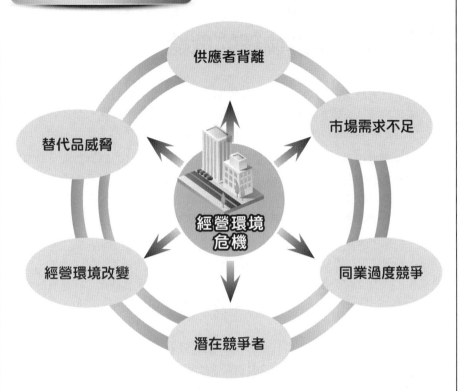

企業經營環境

4.超環境力

3.總體環境力
經濟
科技
公共政策
文化
社會
政治
人口

2.市場環境力
購買者數量
購買者水準
需要與欲望
購買習慣
競爭行為

1.組織環境力
企業各領導中心
企業各部門
企業之配銷通路
代理商

資料來源：林建山，《企業環境掃描：市場機會分析手冊》，臺北：環球經濟社，1985年，頁14。

Unit 2-7
欠缺企業倫理的危機

　　唯有真正實踐商業道德，才是企業長期生存的王道。如果把企業比喻為一棵大樹，那麼企業倫理道德，則有如樹根般的重要。若樹根開始腐爛，不管樹多大多茂盛，已可預見這棵樹終將枯萎，可見喪失企業倫理的危機有多大。

　　一、倫理道德重要性：倫理道德是經濟發展，不可或缺的經濟力量，同時，也是企業永續生存的基礎，若一味追求財務目標，有時反而常會造成企業的危機。以2009～2010年法國國營電信公司為例，由於規劃不當，在短時間內要裁撤兩萬位員工，造成35人連續自殺，這就是屬於經營道德的範疇。

　　二、對員工的重要性：當企業內部倫理不彰，道德規範不明時，員工常常找不到公司存在的意義和榮譽感。對於一個講求倫理、重視道德的員工而言，此種認定對其自我概念，將是很大的衝擊。因為在其自我定義中，將產生「我是這間沒有倫理的公司的一分子」的界定，因而，其對組織變得無法認同，是可以預見之事，而離開組織亦屬必然。

　　三、對領導階層的重要性：抽離了企業倫理之後，會出現領導無方，甚至進行掏空公司資產等違法的勾當，譬如：2013年的台苯掏空案。對於部屬可能出現刻薄寡恩、沒有信用，利用完部屬之後，當作衛生紙一樣地扔掉！

　　四、品牌時代企業倫理的功能：降低糾紛、避免危機、降低商業成本、增強品牌知名度、資金來源、增進組織戰力。

　　五、商場實務案例證明：那些表面看起來似乎對企業不利，但是勇敢實踐倫理的決策與行為，哪怕自己的企業遭遇損失，卻會更讓社會及消費者感動。

　　(一)正面案例：2008年四川發生大地震，5月14日大潤發立即緊急向中國各省營業據點，調集5,000萬元現金，並透過深圳發展銀行，匯到四川賑災指定帳戶，成為臺灣第一家捐助四川大地震的企業。雖然金錢有損失，但因為大潤發的倫理作為，因而奠定該企業在中國老百姓心中的地位，使得大潤發在中國快速發展。

　　日本311大地震所造成的海嘯與核災，臺灣人民伸出援手，看起來是損失金錢，但後來日本與臺灣迅速簽訂經濟合作協定，以及日本人民的感謝，對臺灣都有加分作用。

　　(二)負面案例：知名的星巴克咖啡，在美國911事件發生地點的附近，因救難人員在搶救過程非常口渴，向這家咖啡店要一些開水喝，結果店員向這些疲憊的救難人員，收取開水的費用。整個事件公布之後，美國社會輿論譁然，造成星巴克咖啡形象破損的危機。雖然事後這家咖啡店一反常態送咖啡、送飲料，而且道歉，但就差這麼一點點，整個企業形象卻受到重擊！

　　六、目前社會較重視：企業倫理、環境倫理、政商倫理、行銷倫理、勞資倫理、股東倫理、徵才倫理、競爭倫理。

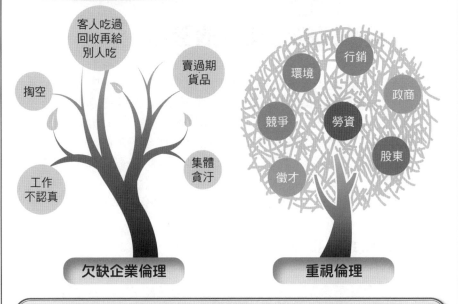

企業倫理

客人吃過
回收再給
別人吃

賣過期
貨品

掏空

行銷

環境

政商

競爭

勞資

工作
不認真

集體
貪汙

徵才

股東

欠缺企業倫理

重視倫理

倫理功能

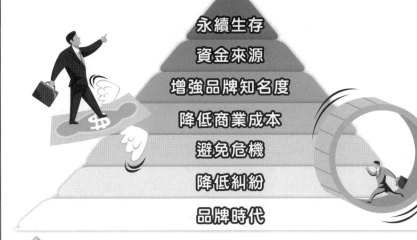

永續生存

資金來源

增強品牌知名度

降低商業成本

避免危機

降低糾紛

品牌時代

案例　欠缺企業倫理，造成企業危機

　　東隆五金范芳魁、新巨群吳祚欽、國產車張朝翔等都是五鬼搬運、挪用公司資金炒股，卻碰上股市崩跌，財務黑洞超乎預期，陸續不支倒地。以范芳魁兄弟為例，就掏空公司88億元資金；新巨群吳祚欽、國產車張朝翔掏空金額更高達百億元以上。

Unit 2-8
英美式的企業危機管理

來自德國的三兄弟創立雷曼兄弟控股公司，它走過兩次世界大戰、經濟大蕭條、911恐怖攻擊等危機，但2008年9月15日卻栽在自己最熟悉的金融商品上。在美國財政部、美國銀行以及英國巴克萊銀行，相繼放棄收購談判後，公司申請破產保護，負債達6,130億美元，因而結束158年的營運。最後也因雷曼兄弟企業的倒閉，引發波及全球的金融海嘯。碰到這類的危機，英美式的危機管理，則是建構SOP標準作業程序。

企業危機管理的核心，在於捕捉先機、防範未然！事先不能防範，再大的公司，也有倒閉的可能！

一、John M. Penrose：提出危機管理六步驟危機模式
(一) 設計危機管理的組織結構。
(二) 選擇危機管理小組。
(三) 針對各種可能出現的危機狀況加以模擬、訓練。
(四) 狀況監控。
(五) 起草緊急計畫。
(六) 實際管理危機。

二、Ian I. Mitroff & Christine M. Pearson：兩位南加大商學院教授的學者，針對危機管理提出「五階段」的危機管理作為。
第一階段：危機訊號偵測期(singal detection)。
第二階段：準備及預防期(preparation and prevention)。
第三階段：損害抑制期(damage containment)。期望避免危機衝擊到公司，或環境中未被破壞的部分。
第四階段：復原期(recovery)，該期主要目的是，協助企業從危機的傷害中，恢復正常運作。
第五階段：學習期(learning)，該階段是企業從危機處理的整個過程中，汲取避免重蹈覆轍的經驗教訓，而使危機不再發生。縱然危機萬一發生，也能以最快、最低成本的方式來處理。

三、Philip Henslowe：該學者提出「五階段」危機管理的準備
(一) 評估企業本身可能發生的危機。
(二) 草擬危機應變計畫。
(三) 準備危機處理的相關措施。
(四) 訓練危機處理小組，提高其快速反應的能力。
(五) 根據內外情勢的變化，不斷地修正計畫。

危機管理六步驟

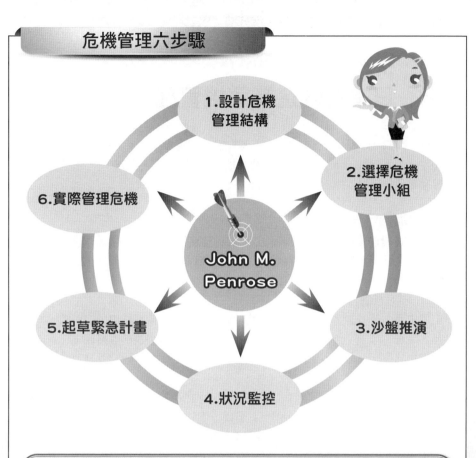

1.設計危機管理結構

2.選擇危機管理小組

John M. Penrose

3.沙盤推演

4.狀況監控

5.起草緊急計畫

6.實際管理危機

Ian I. Mitroff & Christine M. Pearson「五階段」的危機管理

| ① 訊號偵測 | ② 準備預防 | ③ 損害抑制 | ④ 復原期 | ⑤ 學習期 |

Philip Henslowe「五階段」危機管理

評估 → 草擬應變計畫 → 準備處理 → 訓練、加速反應危機 → 修正計畫

Unit **2-9**
日本式的企業危機管理

　　Sony公司2006年因電池起火，竟然是在檢方調查事故後，才被迫召回近1,000萬顆鋰電池。三菱汽車公司則在2000年初，被迫召回數百萬輛汽車後，才坦言數十年前，就開始隱瞞曾導致兩起死亡的意外事件。

一、日本危機管理模式

　　(一)美式與日式不同：在日本企業主的潛意識裡，並不期望以美國式的「階段論」來管理危機，而是認為公司在經營過程中，要本著盡其在我，強化產品品質，提高企業戰力，要求不能有任何的失誤。

　　(二)日式危機管理特色

　　1.零失誤：日本的企業，儘管企業能檢查營運，每一個可能出錯的環節，甚至包括產品、流程、成本、行銷、研發、財務等。日本企業零失誤的嚴格要求，有助於降低危機發生的機率。但只考慮內環境，以及盡其在我的奮鬥，而常容易忽略大格局變化中，所帶來的威脅。

　　2. 否定危機客觀存在：因零失誤的嚴格要求，所以往往有否定危機客觀存在的經營假設。既然否定危機客觀存在，就不會建構「多餘」的危機管理機制。

　　日本成語：「要是聞著發臭，那就蓋上蓋子。」(眼不見為淨之意)很多日本的公司(雪印奶粉2000年的危機；2011年東京電力公司)，似乎就是以這種方式，處理其危機。

　　3.沒有建構危機管理機制：日本企業大多沒有建構危機管理的機制。當經營環境有變、危機發生時，常是在毫無準備的情況下，緊急應付，所以常會束手無策。

　　4.「家醜」不外揚：日本努力降低內部危機，但無法避開外環境危機。另外更嚴重的缺失是，日本企業有家醜不可外揚的隱匿心態，這種生怕洩露而隱瞞的作為，造成危機處理與預防良機的流失。如日本東京電力公司(為全球少數電力合營的公司)，從1987年到1995年間，有超過100名的公司員工參與篡改機器零件斷裂的紀錄，使公司高層完全不知。

二、背景原因

　　1.日本企業一直在品質方面稱霸全球，但有強烈「愛面子」的企業文化，因而使得產品出現品質缺陷時，卻遮遮掩掩，不承擔責任。因為若認錯，表示公司是失敗的企業，所以在危機管理上，一直是日本企業的罩門。也因此，日本企業一次又一次地欺騙消費者，逃避其應負的責任，直到問題愈來愈多，證據確鑿，他們才姍姍來遲，承認問題的存在。

　　2. 日本社會的消費者運動不積極，使得企業即使犯錯，也鮮少挨告！這種漠視消費者的作法，表面上，不會給企業帶來很大的損失，因為日本在產品責任訴訟，賠償的額度較低，有時甚至沒有。這也讓日本企業，忽略危機處理的重要性。

危機管理美式與日式不同

美 階段論

≠

日 盡其在我

日本管理特色

零失誤

否定危機

無處理機制

家醜不外揚(隱瞞)

愛面子 法律

043

✍ 案例　75年心血，毀於一天

　　日本首屈一指的奶粉廠——「雪印」創立於1925年，年銷售額達5,500億日圓(約54億美元)，在日本全國擁有34家奶製品工廠，員工約6,700人。「雪印」大阪工廠員工把過期牛奶，作為原料重新利用。造成2000年6月27日大阪、京都、奈良等地的居民，出現嘔吐、腹瀉、腹痛等食物中毒症狀，引起了日本全社會的震驚。事發之後，「雪印」奶粉公司竟然面對社會輿論的指責遲遲不處理，直到政府出面，遭到消費者唾棄，「雪印」奶粉公司才勉強出面。該公司品牌形象、市場占有率、獲利率，都因此受到重創。

Unit **2-10**
孫子兵法之企業危機管理

　　《孫子兵法》之企業危機管理，是中國式的危機處理，為最可效法的學習典範。目前我國危機管理的思維，幾乎都在西式邏輯框架中打轉，殊不知中國古典兵家戰略思想，對企業營運與危機管理，都提供了啟示。如果將該兵書的精神，應用在企業危機處理的領域，基本上可歸納出兩種危機處理的模式。

一、「鈍兵挫銳」式的危機管理

　　無法先期化危機於無形，而是經過與危機的搏鬥，終於才解決危機，這種作法就好比在軍事上，以流血衝突的方式來解決危機，將耗去企業大量寶貴的資源，就算結果成功，也不是《孫子兵法》所稱許的危機處理方式，此乃稱為「鈍兵挫銳」式的危機處理。

二、「利可全」式的危機管理

　　〈謀攻篇〉對「利可全」式危機處理，有特別的詮釋：「故善用兵者，屈人之兵，而非戰也；拔人之城，而非攻也；毀人之國，而非久也。必以全爭於天下，故兵不頓而利可全，此謀攻之法也。」這是在企業危機尚未爆發之際，就消弭於無形。

三、總結

　　美、日與中國的危機管理思維，各有其特色所在。若總結這些特色，歸納在預防危機階段，則必須完成五件大事：

044

　　第一、危機的避免與預防；
　　第二、建構危機管理的準備；
　　第三、危機管理的機制與方案確認；
　　第四、危機的控制；
　　第五、危機的解決。

　　中國式危機管理的架構，絕不是一蹴可幾的，而是要靠多方面注入心血、多角度的探索結合。

案例

　　2013年鴻海集團中國幹部爆發集體收賄醜聞！總幹事兼經理鄧志賢，已經被深圳公安逮捕。原來SMT技術委員，鴻海各事業單位使用的設備物料，都須提交該委員會審核，且有發包採購的裁量權。郭台銘說要檢討，採購作業程序跟主管操守。這種危機處理，就是屬於「鈍兵挫銳」式的危機處理。

危機的避免與預防

零損失
利可全
(無損失)

必有損失
鈍兵挫銳
(危機爆發後才處理)

危機的避免與預防

危機管理準備
(軟、硬體)

危機管理機制、方案

危機控制

危機解決

Unit **2-11**
危機結果由誰決定

危機結果由誰決定？研究企業危機管理的國際學者Ian I. Mitroff，提出四大關鍵變數：危機型態與風險；危機管理機制；組織系統；企業利益關係人。這四大關鍵變數間的互動，決定企業危機處理的最後成果。

一、危機型態與風險

企業危機型態與風險，內外都有。Ian I. Mitroff從危機處理的研究中發現，企業應注意各種危機型態與危險程度，原因是：(一)只考慮少數幾種的危機，而沒有將所有可能發生的危機都加以準備，這是不足的；(二)擴大對於企業危機的準備，而不只準備本產業核心或一般可能出現的危機；(三)企業必須持續思考，危機可能從哪些領域出現；(四)每個企業都應該從可能發生的危機群組中，挑選其中之一加以準備；(五)企業無法、也無力，準備所有形式的危機；(六)挑出企業危機群組中，可能發生的危機。

二、企業利益關係人

從內部的員工，到外部的媒體、受害者、社區、城市、國家，都可能包含在內。企業利益關係人既有的立場與態度，都會影響處理成果。

三、危機管理機制

危機能否有效化解或處理，企業危機管理機制是重要的核心變數。有效的危機管理機制，涵蓋危機預防計畫、危機處理計畫、危機處理手冊、危機管理小組、發言人，以及有計畫的演練。

四、組織系統

企業組織系統的特點是：(一)該系統是由相互依存分子的動態組合；(二)有兩個次級系統(含)以上組合而成；(三)不能離開市場環境而孤獨存在；(四)新陳代謝、能源不斷有投入、轉換、產出等過程；(五)系統本身有界限來區隔系統與環境；(六)系統有多元目標，且須分工完成。

任何複雜的組織，都含有多層次組織的「洋蔥模式」(onion model)，這些層面都影響著危機。最表層為科技層面；第二層為組織結構；第三層是人為因素；第四層為組織文化；第五層也是最內層的高階管理心理。

五、可能的結局

在Ian I. Mitroff提出的變數本身，不但是動態發展，而且變數與變數之間，始終處在互動狀態，動態互動必然會產生結果。在「多算勝、少算不勝」、「種瓜得瓜、種豆得豆」的原則下，更顯得危機管理機制，在平時應多下功夫，才能得到最佳結果。

Ian I. Mitroff 危機結果的四大關鍵變數

型態/風險

利益關係人

危機管理機制

危機處理
可能結局

組織系統

(1)相互依存

(2)至少兩個次級系統

(3)不能單獨存在

(4)有產出、有投入

(5)系統、環境有區隔

(6)多元目標、分工完成

系統

第 **3** 章
企業危機管理理論(一)

●●●●●●●●●●●●●●●●●●●●●●●●●●●● 章節體系架構 ▼

Unit **3-1**
企業危機生命週期

圖解企業危機管理

　　「企業危機生命週期理論」主要的內涵，是指危機在不同階段，有不同的生命特徵。企業危機從誕生(birth)、成長(growth)、成熟(maturity)到死亡(death)，各有其不同的生命特徵。「企業危機生命週期理論」的架構，可區分為五大部分：1.企業危機醞釀期；2.企業危機爆發期；3.企業危機擴散期；4.企業危機處理期；5.企業危機處理結果與後遺症期。

　　企業危機生命週期可分為如下五個階段：

　　一、危機醞釀期(prodromal crisis stage)：許多的企業危機，都是漸變、量變，最後才形成質變，而質變就是危機的成形與爆發，因此，潛藏危機因子的發展與擴散，才是企業危機處理的重要階段，在問題爆發形成嚴重危機之前，能否找出問題的癥結加以處理，常常是成敗的關鍵，也是研究危機處理的重點所在。此時企業危機徵兆雖不明顯，但若能掌握警訊即時處置，將危機化於無形，自然能化解危機風暴。反之，若忽略企業危機警訊，則小警訊就有可能演變為大危機。

　　二、危機爆發期(acute crisis stage)：當企業危機升高，跨過危機門檻後，就進入爆發階段，這時常出現公司對危機風暴的資訊不足，危機爆發期會威脅到企業的重大利益，可能造成營收大減、企業形象受損，甚至有瓦解的可能。

　　三、危機擴散期(crisis extension stage)：企業決策核心在危機爆發期所受的震撼最大，這時如處理不慎，企業危機將會更大，傷害程度亦隨之擴大，而進入危機擴散期，也會對其他的領域造成不同程度的傷害。危機的破壞力愈大，所形成其他領域的影響也愈大。

　　四、危機處理期(crisis management stage)：這時危機發展至關鍵階段，後續發展完全視決策者的智慧與專業，此時企業應利用本身的優勢部分，掌握外部可利用的機會，使優勢發揮到極大化，掩蓋與化解本身的弱點，克服外在的威脅，使企業傷害減至最低。

　　五、危機處理後遺症期(crisis outcome and chronic crisis stage)：第五階段則是危機處理結凍及後遺症期，這是療傷止痛的時間，此時即使危機已解決，但仍難免會有殘餘的因子存在，需要時間去淡化，且若企業危機未徹底解決，危機還可能捲土重來。

　　沒注意危機處理後遺症期，後果有多嚴重？根據管理學大師彼得·杜拉克(Peter F. Drucker)的研究指出，美國統計有85％的企業，在危機發生一年後，就倒閉或從市場消失。這麼多企業無法度過危機的考驗，其主要原因之一是，公司高層對危機管理抱持敬而遠之的態度，所以危機管理，乃企業必修的課題。

企業危機生命週期

　　中國諺語有云：「冰凍三尺，非一日之寒」，正足以說明，造成危機的「三尺之冰」，並非「一日之寒」所形成。例如：企業管理階層和監控系統的危機徵兆，這些徵兆包括主管獨裁、董事會過於被動、財務主管能力差、無預算控管或現金流量計畫，這些缺陷和失誤，終究會導致錯誤的商業決策，如財務槓桿率太高，過度舉債擴張，和大而無當的投資計畫。

　　下方有一支箭頭，從危機因子醞釀期，直接指到危機處理期，這是說明最佳的危機處理途徑。此時企業若能找出並利用企業本身具優勢的部分，以掌握外部可用機會，使優勢發揮到極大化、外部機會擴大到極大化，並利用此外部機會，掩蓋與化解企業本身的弱點、克服外在的威脅，使威脅極小化。

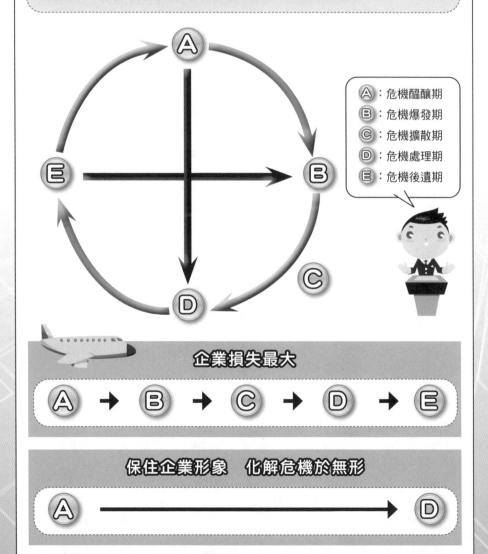

Unit **3-2**
「企業痛苦指數」功能

　　「企業痛苦指數」總體分析模型，可以直接針對危機、解決危機，其主要功能為危機預防、危機診斷、標本兼治。

一、危機預防

　　(一)防範企業危機於未然：預警系統對於企業，具有防範未然的功能。因為它能使危機因子，儘早被發現並予矯正，進而予以改善體質，避免企業產生經營危機，而危及企業的生存與發展。

　　(二)危機偵測：透過「企業痛苦指數」的偵測，了解目前指數所在的位置，並由此作為進一步危機處理的依據。偵測的同時，「企業痛苦指數」等於扮演企業預警系統的功能。

　　(三)企業監控輔助工具：企業決策階層可透過「企業痛苦指數」，所構成的預警系統，執行企業管理，使企業維持在「對的方向、對的人、做對的事」。

　　(四)資源更有效分配：「企業痛苦指數」所顯示的警訊，可使企業資源在進行權威性分配時，對於企業目標相關的優先性與範圍，做更合理的分配。

　　(五)補強實地檢查功能不足：透過全面實地檢查，可掌握全盤企業營運的具體情況，但此一行動的成本，不啻耗費甚鉅，且常因人力不足而無法實現。若透過「企業痛苦指數」的預警模型，則可有效補強實地檢查功能的不足。

　　(六)充分掌握企業經營動態：企業預警系統必須定期蒐集企業各項相關報表資料，以進行分析研判，使企業在決策前，能了解實際的癥結所在。

　　(七)有助於企業進行內部管理：企業預警系統之運作，能確切掌握本身經營狀況，進而檢討並加強內部管理，使企業穩健安全的發展。

二、危機診斷

　　(一)危機診斷正確與否，對於危機處理來說，影響極大！判斷正確是危機處理成功的基礎，診斷錯誤是危機處理失敗的根源。

　　(二)危機判斷常有錯誤的認知(misperception)、錯誤的估算(miscalculation)，這些都是危機處理所必須極力避免的。

　　(三)危機處理跟看病一樣，需要對現象及徵兆進行診斷。

　　(四)診斷項目：只要能找出真正的病源，問題就較易處理，而不會浪費時間在次相關，或不相關的領域上打轉。

　　1. 判斷的圭臬，「企業痛苦指數」的三項變數(獲利率及市場占有率、企業競爭力對比、市場需求)，作為診斷的項目。

　　2. 診斷首先在於找出危機的真正病源，並辨別危機是由哪一種變數所造成的，或是兩種、三種變數併發所致。

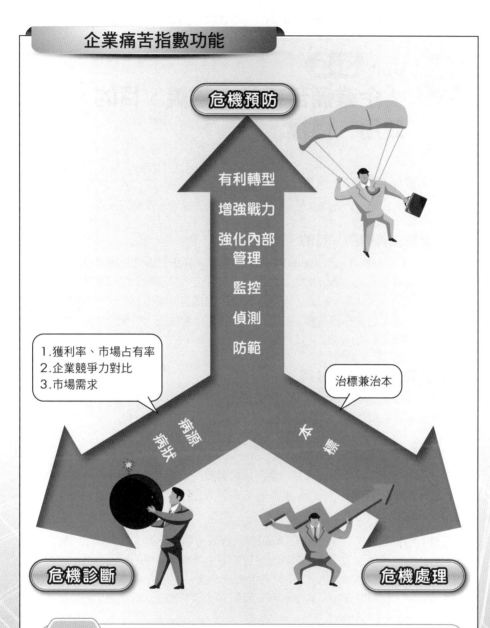

企業痛苦指數功能

危機預防

有利轉型
增強戰力
強化內部
管理
監控
偵測
防範

1.獲利率、市場占有率
2.企業競爭力對比
3.市場需求

治標兼治本

病源
病狀

本
標

危機診斷

危機處理

053

標本兼治

1.「本」是指結構，「標」是結構所外顯的現象，兩者是危機處理的對象。

2.「本」才是危機爆發的真正源頭，唯有治本，才能從根本解決問題。從「治本」的角度而言，企業危機處理必須從「企業痛苦指數」的地方著手，因為那是痛苦的根源，唯有對症下藥，從根處理，才能最快、最有效地解除痛苦。

知識
補充站

Unit **3-3**
「企業痛苦指數」意義、目的、效用、指標

一、「企業痛苦指數」意義

「企業痛苦指數」界定為,「企業經營的領域,受外來威脅的程度」。

二、「企業痛苦指數」目的

「企業痛苦指數」(pain index)總體分析模型,真正目的在於測量危機嚴重性的程度。企業可經由「企業痛苦指數」的顯示,了解企業受到威脅的程度高→企業痛苦程度高→企業危機程度高。因此,可藉由其變動的情形,來作為企業安全與否的重要參考依據。透過「企業痛苦指數」,即可了解「痛苦程度高,危機程度高;痛苦程度低,危機程度低;解決企業痛苦就是解決企業危機」。

三、「企業痛苦指數」效用

用「企業痛苦指數」的「痛苦程度」高低,來界定危機程度的內涵,並透過此制度的設計,達到危機診斷及「標本兼治」的功能,以迅速解決危機。

四、「企業痛苦指數」指標選定

「企業痛苦指數」指標的選定,最主要的關鍵,在於辨識外在企業威脅的來源。本模型的指標,主要有下列三方面:市場有效需求(獲利來源的大小);企業競爭力;企業市場占有率及獲利率。

(一)市場有效需求:David A. Aaker 所著的《策略行銷管理》指出,衰退的市場,可能會造成具敵意的市場狀態。市場有效需求萎縮,可能的原因很多,或訂單量減少,或顧客消費量與次數明顯減少、或業績下滑,或品管的問題,這些市場特徵是,產能過剩、低邊際效益、競爭激烈,因此必然都不利於企業生存,所以將其列為「企業痛苦指數」的指標。

(二)企業競爭力:企業競爭力是推動企業成長的原動力,也是企業立足生存的關鍵。若競爭對手的企業能力強,就會威脅我方的商業戰略部署,企業的痛苦程度就高;反之,痛苦程度就會降低。

(三)企業市場占有率及獲利率:企業市場占有率及獲利率,兩者對於企業的生存,都是缺一不可。當企業受到內外環境急遽變遷的衝擊,必然會反應在市場占有率、獲利率上。

企業痛苦指數

紅	黃	綠
很危險 (很痛)	有危險 (有點痛)	安全

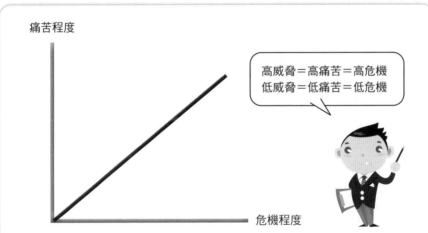

痛苦程度

高威脅＝高痛苦＝高危機
低威脅＝低痛苦＝低危機

危機程度

知識補充站

葛洛夫(Andrew Grove)在《10倍速時代》一書中，提出「戰略轉折點」發生時，企業組織競爭力會出現一些微妙的變化，例如：經營者的能力，相對於外環境的挑戰，逐漸無法應付，甚至企業經營階層也無法指出，業績未能成長的真正原因；公司內部對於戰略的採行，有分裂的傾向。其實更嚴重的組織危機，是企業的研究、生產、發展、財務、人力資源各職能部門，被僵硬地割裂開來，而嚴重阻礙企業統合戰力的發揮。這些企業的危機，「企業痛苦指數」都能即時偵測出來。

Unit **3-4**
「企業痛苦指數」——
市場有效需求指標分析

市場有效需求:「企業痛苦指數」中所謂的「市場」,主要由四個因子,所共同組成:1.人口及其需求;2.購買能力;3.購買意願;4.購買權限。

> 合格有效市場人數=市場總人口數 × 有購買資格者之比率

市場有效需求萎縮——結構性原因

(一)科技替代性:某些產業衰退的原因是,「科技創新」所創造的替代品,如人工塑膠與合成纖維的出現,使傳統的天然橡膠,遭受重創,又如高鐵取代短程飛機;合成皮替代真皮。當替代品增加後,原產品的銷售量通常會縮減,如此對於企業獲利,必然產生威脅,所以企業「痛苦」程度自然升高。

(二)人口因素:未來的趨勢是,老年化人口增加。當老年化人口的比例增高後,支出就會保守,市場相對就比較萎縮。人口變化的因素很多,如果這個現象會造成客戶驟減、降低對產業的需求,這就形成產業威脅。例如:以往經營模式屬國外代工者,只依據國外公司所下的訂單和規格,就足以生存發展。但是當國外客戶為壓縮成本,而將訂單逐漸移至中國,這就是產業需求人口的變化。這種變化的結果,導致客戶減少,最後將嚴重威脅公司生存。

(三)需求移轉:需求增減影響產品的訂價,更會直接影響企業的榮枯。需求移轉主要原因如下:

1.景氣變動:景氣變動會影響購買力的升降,如果景氣使購買力增高,有效需求就會增加;相對地,若景氣反轉,也會使購買力降低,有效需求減少。故此,景氣變動已成為企業機會與威脅的來源。例如:2008年的全球金融風暴,2012年的歐債危機,都是景氣變動、衝擊需求,最鮮明的代表。

2.突發事件:從產業危機史的角度而言,造成某產業急遽萎縮的原因,常是來自於外環境,突發的事件。這部分涵蓋戰爭、天災、瘟疫、或政經環境突然改變等。例如:美國遭逢「911」恐怖事件,造成搭飛機的旅客大為減少,再加上美國禁航命令,對於航空業都構成嚴重衝擊。2011年日本311的大地震,衝擊資訊相關產業供應鏈。2021年5月底至7月,我國因新冠疫情倒閉者,特別是小型企業,達3,700多家。2022年俄烏戰爭的衝擊,可能更為嚴重。

3.市場競爭者:市場若缺少了競爭者,公司就容易滿足於本身的表現,當這種自滿一出現,公司就可能會有兩、三年,甚至五年不改變產品、服務品質及價格,最終則會貶低公司在市場上所扮演的角色。若加入的競爭者過多,市場就會變得較小,相對生存的空間也會被壓縮。因此,競爭者擴張市場占有率,必然會影響原市場經營者的占有率。

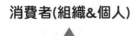

市場有效需求指標分析

消費者(組織&個人)

需求

政府(投資&消費)　　　　國際市場

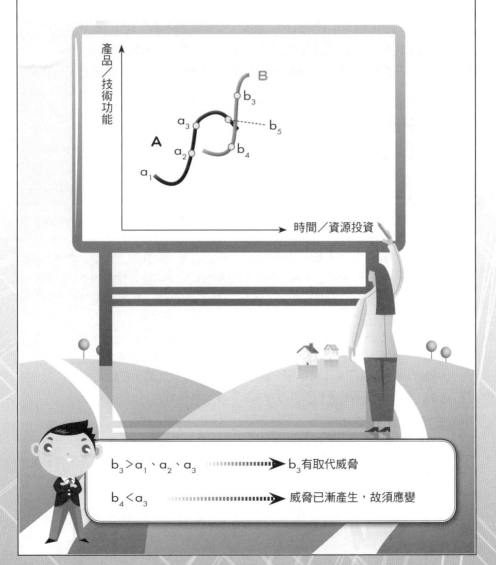

$b_3 > a_1 \cdot a_2 \cdot a_3$ ┈┈┈┈┈➤ b_3 有取代威脅

$b_4 < a_3$ ┈┈┈┈┈➤ 威脅已漸產生，故須應變

Unit **3-5**
「企業痛苦指數」——
企業競爭力指標分析

　　企業競爭力是指在競爭性的市場中，一個企業比其他企業，更有效地向市場提供產品和服務，並獲得營利和發展的空間。

一、企業競爭力指標

　　1.前瞻能力、2.創新能力、3.以顧客為導向的產品及服務品質、4.營運績效及組織效能、5.培養吸引人才的能力、6.財務能力、7.運用科技及資訊加強競爭優勢的能力、8.國際營運能力、9.企業社會責任、10.長期投資價值。若將這十項指標歸類，大致可區分為三大類，一是企業科技競爭力，二是企業戰略競爭力，三是企業組織競爭力。

二、企業競爭力指標分析

(一)企業科技競爭力

　　無論企業規模大小，都需要數位科技來強化企業競爭力，如企業資料庫、產品研發、企業教育訓練、電子資料的交換、供應鏈、電子商務……。為避免企業科技競爭力差距擴大，而阻礙企業的競爭力，研發創新同樣不可少。

(二)企業戰略競爭力

1. 「企業戰略」的界定是，「藉由創造與運用企業有利狀況之技術，俾得在爭取企業目標時，能獲得最大成功勝算與有利效果。」因此，在整個企業活動中，最重要的就是針對商品或服務，所欲滲透的目標市場，來擬定整體作戰的長期戰略。

2. 波特(Michael E. Porter)在《競爭戰略》(*Competitive Strategy*)一書，強調競爭戰略的重要性，更提醒公司的長處與弱點；產業的機會與威脅；競爭者；更大範圍的社會期待；公司外在、內在因素等，是制定競爭戰略應注意的五項變數。唯有正確的競爭戰略，方能克敵制勝、宰制市場。

(三)企業組織競爭力

　　商場的戰爭，不是單打獨鬥，而是靠團隊合作。企業的研究、生產、行銷、財務、人力資源、設計研發，其實是一體的。若因分工而被僵硬地割裂開來，將嚴重阻礙企業統合戰力的發揮。

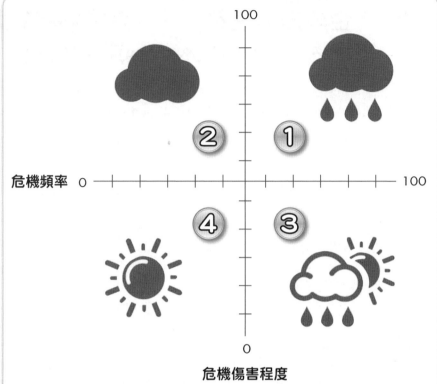

① 危險 → 痛苦程度高 → 全力處理

② 危險稍低 → 痛苦程度稍低 → 密切注意

③ 安全 → 痛苦程度稍低 → 防範有變

④ 安全 → 痛苦程度低 → 制度化處理掉

知識補充站

1. 威脅高、頻率高：上市公司的臺南企業，到印尼去發展，結果廠房屢屢無法運轉。譬如：廠房遭股東強占，廠房無法過名，工會糾紛等危機。
2. 威脅高、頻率低：華碩在2012年10月，發表最新款變形手機PadFone2。結果在2013年，竟爆出手機死當的多起案例。即使關機後，也無法再開機！
3. 威脅低、頻率高：企業創新過程，董事會、經營主管、各部門溝通不足。
4. 威脅低、頻率低：味全旗下的松青超市，2013年遭離職員工指控，強迫裁員。

Unit **3-6**
「企業痛苦指數」──企業獲利率與市場占有率(market-share)指標分析

　　企業獲利率與市場占有率，同為企業永續生存，所不可或缺的重要變數，也是衡量企業資源投入，以轉化為價值性的產出等成就表現(performance)，最直接、最具體的方式。

一、指標重要性

　　獲利率與市場占有率高低的動態變化，直接攸關企業的興衰。因為市場占有率擴張與否，直接影響企業的利潤額、獲利能力及投資報酬率。市場占有率的增加，更可促進企業的成長。市場占有率大幅衰退，正顯示企業競爭優勢的喪失、利潤降低，時日一長，企業必然瀕臨虧損，最後只有被迫退出市場。為了保有市場占有率，企業當全力以赴。企業的成敗，可從市場占有率的變化來觀察，這些影響變化的因素，包括通路、消費者變遷；競爭者消長；創新研發的速度；國際經貿大格局的變化。這充分說明企業市場占有率，是企業攻守必固的疆域，不能有絲毫的退讓。

二、企業「市占率」

　　這個數字不只是顯示，企業所擁有的市占率大小，實際也可看出市場競爭者的集中度與激烈度。例如：檢視市場前三～五強占整體市場的比例是多少？如果很低，表示這是一個競爭者分散，但競爭可能十分激烈的市場；如果比率很高，就表示這是獨占或寡占的市場，可能存在著很高的進入障礙。

三、企業獲利率

　　若為了市場占有率，而拚命流血輸出，而不考慮獲利率，這種市場占有率是有害的。所以獲利率與市場占有率降低，是兩類不同型態的危機，但都同樣考驗企業生存與發展的能力。企業獲利率高，代表消費者的重購率，以及對價格容忍力都較高，某種程度也能顯示消費者滿意度較高。

　　(一)企業獲利率：企業獲利能力的指標，主要包括營業利潤率、成本費用利潤率、盈餘 、總資產報酬率、淨資產收益率和資本收益率六項。

　　(二)顧客獲利率(customer profitability)：顧客終身對企業所貢獻的利潤，亦即其終身的採購金額扣除企業花在其身上的行銷與管理成本。

　　企業無論制定何種策略，最終的目的，就是要達到股東價值的最大化，所以企業的獲利率，絕對是要納入考量的重點。

　　(三)衡量企業經營績效的優劣，總資產的報酬率，也可作為綜合的評估指標。

　　(四)80-20法則

　　1.企業80%主要獲利來源，來自於前20%的消費者。

　　2.企業80%的利潤，來自於20%的產品。

「企業痛苦指數」──企業獲利率、市占率

擂臺

淘汰
沒獲利
沒市占

生存
獲利高
市占高

市占率指標

| 通路 | 競爭廠商 | 研發創新 | 消費者 |

企業獲利率指標

淨資產收益率　　　　成本費用率

總資產報酬率　　　　營業利潤率

盈餘　　　　資本收益率

Unit 3-7
「企業痛苦指數」──基礎結構

「企業痛苦指數」標示的方式，是由三項變數(市場需求、企業競爭力、獲利率與市場占有率)的不同燈號，所共同組合而成。

一、黃、紅燈號總體顯示原則

個別燈號有個別的程度原則，如總體燈號顯示，爆發期為紅燈，醞釀期為黃燈。其中個別指標雖仍為黃燈，但仍以總體指數所在的區間，作為燈號的劃分。例如：爆發期第二級的企業競爭力對比的個別指標，雖是黃燈，但整體指數位於爆發期的紅燈區，則仍以紅色示之。

二、「企業痛苦指數」的基礎結構

〔A：市場需求萎縮〕

(一)選取燈號的理由

市場是企業攻守的核心領域，也是企業利益的主要來源，所以市場需求若是萎縮，顯然制約了企業生存與發展，因此對於企業將構成重大壓力。

(二)燈號構成的內涵意義

1. 紅燈：景氣惡化、過多競爭者、突發的政經事件(阿拉伯的茉莉花革命)等，如全球金融風暴或歐債危機，而造成市場急遽萎縮。以A2表示之。

2. 黃燈：市場衰退，但衰退程度不足以威脅企業生存，僅會對企業發展形成挑戰。以A1表示之。

〔B：企業競爭力不對稱性〕

(一)選取燈號的理由

競爭力是企業生存的基礎，不過競爭力不能只看自己，也要看競爭者的目標、能力與現行企業戰略。因為它不僅會影響公司的獲利，更是企業生存的直接威脅。在客觀結構實力上，如果競爭者的企業競爭力超越我方，那麼就是企業危機因子的重要內涵。

(二)燈號構成的內涵意義

1. 紅燈：企業與企業的競爭力對比之後，假設在企業科技競爭力、企業戰略競爭力、企業組織競爭力等三項變數中，出現有兩項戰力對比的落差，即是企業的嚴重威脅，故以B2表示之。

2. 黃燈：企業科技競爭力、企業戰略競爭力、企業組織競爭力等三項中，出現任何一項戰力對比的落差，則以B1表示之。

〔Ｃ：獲利率及市場占有率衰退程度〕

(一)選取燈號的理由

　　企業各種努力的總和，最終都會反映在市場占有率。反過來說，如果市場占有率出現衰退，除了總體環境與競爭對手之外，很可能是自己產品品質或服務出現問題。這個結果最能說明企業被威脅的程度。

(二)燈號構成的內涵意義

1. **紅燈**：企業獲利率及市場占有率已不足以支撐企業必要的生存空間，或市場占有率下降的幅度過巨、速度過快，嚴重衝擊企業獲利及內部士氣，此時則以C2表示之。

2. **黃燈**：獲利率及市場占有率微降，影響程度並不足以限制企業生存，但仍衝擊企業獲利營收。以C1表示之。

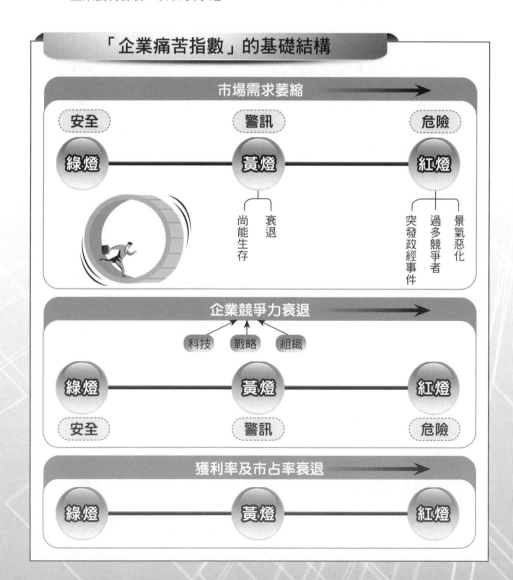

Unit **3-8**
「企業痛苦指數」──整體結構

　　「企業痛苦指數」構成危機指數變化，而形成不同危機程度的組合，可以按程度分成危機指數1到危機指數9。由此程度的變化，可充分展現企業危機預警的功能。一旦企業危機預警制度建立，就能愈早預報其發展與現況，如此將進一步防範危機的發生，甚至能掌握先機，解決危機因子，以維護企業利益。

「企業痛苦指數」構成的整體結構，按嚴重程度從指數1-9

　　一、指數1──危機醞釀期第一級：「企業痛苦指數」三個指標中(市場占有率衰退程度；企業的競爭力對比；市場需求萎縮)，有任何一個黃燈出現，就表示已進入企業危機醞釀期。此時程度低，是解決問題的良機，鑑於它可能會不斷發展醞釀，因此就應針對「病源」、對症下藥，而非拖至病入膏肓，才開始解決，若能如此，處理起來成本較低，成功機率較高。

　　二、指數2──危機醞釀期第二級：「企業痛苦指數」任何兩項指標出現黃燈，就表示已進入危機醞釀期的第二級。

　　三、指數3──危機醞釀期第三級：「企業痛苦指數」三個黃燈同時出現，表示進入危機醞釀期的第三級。

　　四、指數4──危機爆發期第一級：「企業痛苦指數」任何一項指標，出現紅燈，就屬於指數4。

　　五、指數5──危機爆發期第二級：企業競爭力不對稱性或市場占有率及獲利率衰退程度、或市場需求萎縮等三項指標中，任何一項出現紅燈，並帶有其他指標的另一個黃燈。

　　六、指數6──危機爆發期第三級：「企業痛苦指數」任何兩項指標出現黃燈，外加另一項「企業痛苦指數」指標出現紅燈。

　　七、指數7──危機爆發期第四級：「企業痛苦指數」任何兩項指標出現紅燈，皆進入危機爆發期中的指數7。

　　八、指數8──危機爆發期第五級：任何兩項指標紅燈出現，且有另一項指標為黃燈，就表示已進入危機爆發期的第五級。

　　九、指數9──危機爆發期第六級：三項指標皆出現紅燈。

　　當三項關鍵性指標的燈號，由紅轉黃，由黃轉綠，才表示危機處理有效！反之亦然。

　　指標鈍化：進入「企業痛苦指數」所標示的危機爆發期，尤其是攀升到最高指數9的時候，除非危機處理得宜，否則「企業痛苦指數」的機制，會一直停留在指數9的三個紅燈區，形成指標鈍化的現象。

測量危機之企業痛苦指數量表

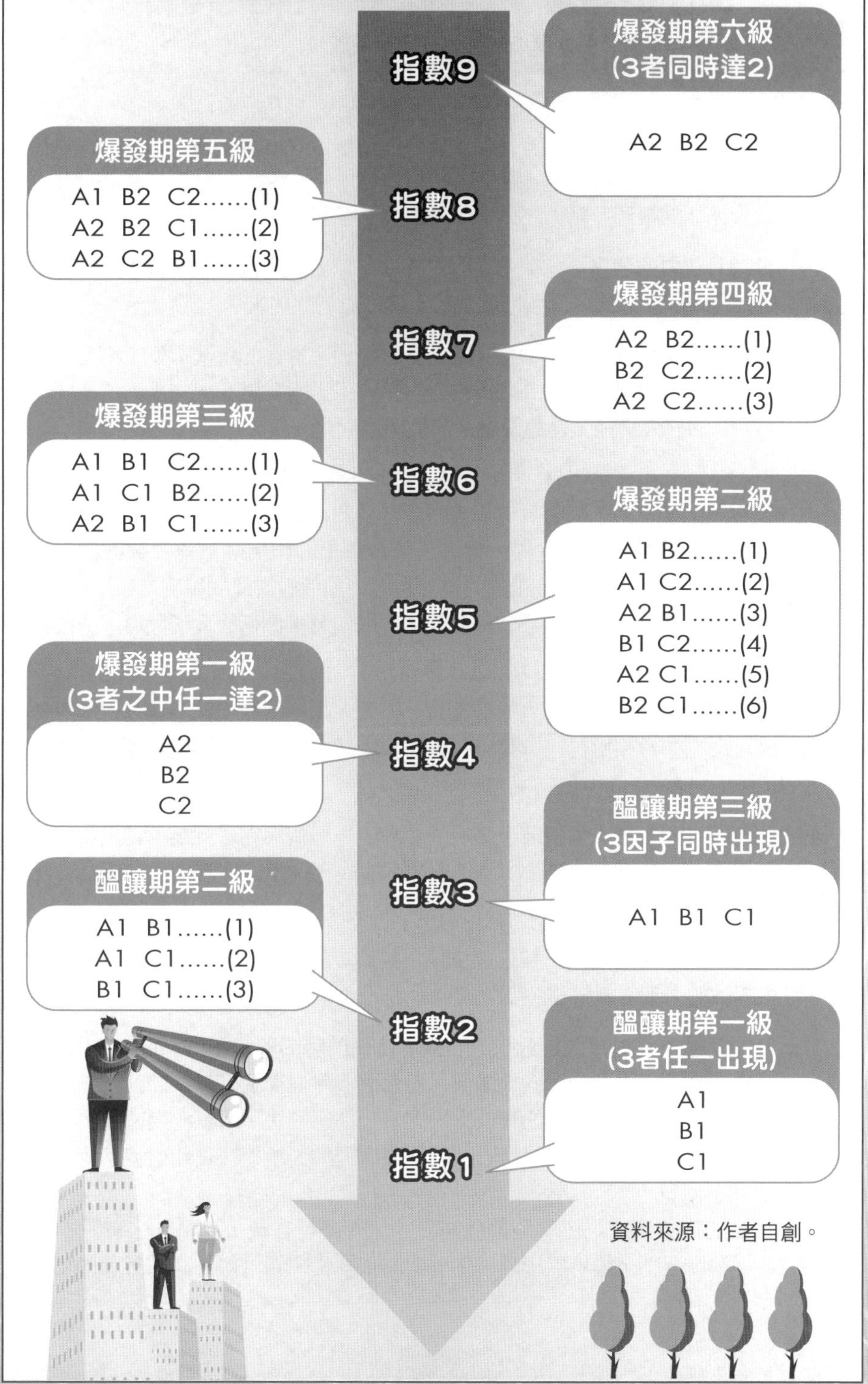

| 指數9 | 爆發期第六級
（3者同時達2）

A2　B2　C2 |

爆發期第五級
A1　B2　C2……(1)
A2　B2　C1……(2)
A2　C2　B1……(3)

指數8

指數9 — 爆發期第六級（3者同時達2） A2　B2　C2

指數7 — 爆發期第四級
A2　B2……(1)
B2　C2……(2)
A2　C2……(3)

爆發期第三級
A1　B1　C2……(1)
A1　C1　B2……(2)
A2　B1　C1……(3)

指數6

指數5 — 爆發期第二級
A1 B2……(1)
A1 C2……(2)
A2 B1……(3)
B1 C2……(4)
A2 C1……(5)
B2 C1……(6)

爆發期第一級
（3者之中任一達2）
A2
B2
C2

指數4

指數3 — 醞釀期第三級
（3因子同時出現）
A1　B1　C1

醞釀期第二級
A1　B1……(1)
A1　C1……(2)
B1　C1……(3)

指數2

指數1 — 醞釀期第一級
（3者任一出現）
A1
B1
C1

065

資料來源：作者自創。

Unit **3-9**
危機擴散動力與根源

　　數位化時代的「媒體效應」，使得企業瞬間從區域性危機，擴大為全國性或全球性的危機，而使問題更加嚴重化、擴大化。

　　企業危機擴散的根源及動力，以下列六項最為顯著：

　　一、危機殺傷力的強度：危機殺傷力的強度，是促成危機擴散最根本、最原始的動力。當危機危險程度愈高，影響層面愈廣，擴散也愈大。

　　二、傳播效果：危機事件具備衝突性、影響性和特殊性的新聞價值，因此，大企業只要出現危機，雖然報紙不同，電視頻道有別，但畫面、聲音與文字仍然雷同，且一而再、再而三的對外傳播，這會使企業危機印象深入人心。

　　(一) 新聞工作者用「5W1H」原則，來報導危機的發展經過。
　　(二) 危機爆發後，大眾媒體具有「議題設定」及「議題塑造」的功能，特別是對於知名度愈高的企業危機，就愈具擴散催化的作用。這種「擴散作用」與「媒體審判」(media trial)的效果，進而增加危機處理的困難度。
　　(三) 在數位傳播的時代，24小時高度報導相關消息，因而放大了危機，造成對企業的破壞力。

　　三、認知結構：危機可能產生的破壞力，與個人認知結構相結合者，對內對外的擴散能力強，反之亦然。換言之，有沒有認知到企業危機的破壞力與殺傷力，會影響擴散的力道。

　　四、恐慌與從眾行為：危機若升高，很容易出現恐慌與從眾行為，結果將對企業帶來更大的傷害。日本311大地震後，日本老百姓的守秩序之冷靜表現，極為突出和少有。

　　五、過去解決危機的成效：如果過去該企業解決危機的能力，深受大眾及員工的肯定，危機擴散的力量就會較小，反之則會較大。

　　六、時間落差：危機擴散與危機處理兩者之間的時間落差(time lag)，因為企業危機一旦正式爆發，危機就開始向外擴散，然而危機處理卻須召集相關部門主管或企業顧問專家等共同開會研議，才能有效提出方案，進行解決。所以危機處理與危機擴散之間，存在著一段時間落差。這是不利於危機處理的，所以速度和對症下藥，都極重要。

　　危機發生在前的事實，已導致擴散在先，危機處理在後，若再加上資訊不足及時間壓力等不利情況下，極可能出現一個危機尚未解決，另一個併發的新危機又將形成。

危機擴散的動力與根源

危機殺傷力

時間落差

過去危機處理成效

危機擴散的動力與根源

認知結構

傳播效果

恐慌與從眾行為

傳播效果

媒體

議題設定

議題塑造

Business
NEW

Unit **3-10**
企業危機擴散理論

企業危機擴散呈現，分為有序擴散和無序擴散兩大類。在有序擴散方面，從企業危機爆發→媒體效應→企業形象破損→財務危機→生存危機。

一、媒體效應

企業危機透過媒體揭露，必然造成企業形象破損，「形象危機」已然形成。在傳播領域最顯著的理論有：子彈理論(The Bullet Theory)、有限效果模式(The Limited Effects Model)、中度效果模式(The Moderate Effects Model)、強力效果模式、傳播效果的心像理論、影響不一理論……。儘管理論不同，但是幾乎都肯定大眾傳播具有媒體效果。

二、形象危機

媒體有時因受限截稿的時間，而未做查證的工作，最後人云亦云；也有的是預設立場，更過分是為了達到「獨家」消息，甚至用「製造」的方式。大企業透過媒體效應會產生形象危機，中小企業是透過消費者的口耳相傳，一樣也會產生形象危機。

三、財務危機

公司產生危機後，通常會出現財務危機成本(financial distress cost)，這包含直接與間接的成本。

(一)直接成本：常見的直接成本，如處理法律程序所耗費的時間；支付律師及會計師的費用；臨時處分資產的讓價損失。

(二)間接成本：客戶與供應商對公司喪失信心，所造成的訂單流失；在無現金流入的情況下，公司必須放棄具可行性的投資計畫；重要員工的離去；限制條款使公司失去財務操作的彈性。平常往來的上游廠商，也可能要求以現金付款的方式，取代平時的期票付款等，以上這些都屬於間接成本。

企業危機爆發時，銀行、金融機構為避免成為「受害者」，貸款銀行慣有的動作，就是凍結公司的信用額度、抽企業的銀根、或對企業即將要貸款的項目保守以對，如此必然惡化公司資金調度的能力。這對於危機中的企業，更易形成「財務危機」。

四、生存危機

媒體不斷以驚悚的標題，報導企業危機(哪怕是市場捕風捉影的謠言耳語)。在此風雨飄搖的時刻，政府相關主管單位，極可能介入調查，競爭者也可能落井下石、製造謠言，擴大危機的嚴重性，因此極易成為生存危機。

企業危機擴散理論

| 危機爆發 |
| 媒體效應 |
| 企業形象破損 |
| 財務危機 |
| 生存危機 |

媒體

項目	內容
1	子彈理論
2	中度效果模式
3	有限效果模式
4	強力效果模式
5	心像理論
6	影響不一理論

財務危機

直接成本

① 會計師費用

② 調度成本

間接成本

① 訂單流失

② 員工離職

③ 銀行抽銀根

④ 現金付款

⑤ 形象破損

案例分享

　　臺北市勞工局統計2012年資遣通報公司家數，高達1萬9,461家，資遣人數為2萬9,423人，較2011年增加2,919家、4,304人，為臺北市2008年金融海嘯以來，年度資遣人數最高紀錄。被資遣後，會不會影響家計支出？會不會影響學子補習？會不會影響社會治安？會不會有人活不下去而尋短？政府稅收會不會被影響？……？若有，就是危機擴散！

第 **4** 章

企業危機管理
理論(二)

 章節體系架構 ▼

Unit **4-1**
破窗理論

圖解企業危機管理

正如諺語所言：「即時的一針，勝過未來的九針」、「勿以善小而不為，勿以惡小而為之」的防微杜漸，正是「破窗理論」(Broken Windows Theory)精神所在。

一、理論實驗

美國史丹佛(Stanford)大學心理學家辛巴杜(Philip Zimbardo)於1969年，在美國加州做過一項有趣的試驗。他找來二輛一模一樣的汽車，置放於不同社區的街道，一輛停放於較雜亂的社區，並將車牌摘下，頂棚打開，結果汽車在一天之內，車就遭人竊走！另一輛，完好無缺的停置在中產階級社區，經過一星期之後，車子依然安然無恙。後來，針對那輛仍擺在中產階級社區的汽車，破壞其玻璃，結果，車子在幾個小時後，就不見了！

二、破窗理論內涵

如果房子的玻璃破了，無人修理，無人關心，則暗示裡面沒人住，不然窗戶壞了，怎麼沒人修？既然沒住人，就表示丟石頭、打爛更多的玻璃，也沒關係(因沒人住)！這種現象會蔓延，破窗會愈來愈多！既然沒人住，一些流浪漢、罪犯，就可能出現闖入、強居或縱火的惡行。最後這些區域的治安，也會跟著惡化。於是許多人搬離，當地的房地產價格，自然也跟著下跌！「破窗理論」提醒企業，未能即時有效干預小「破窗」，問題就會愈來愈嚴重！

三、破窗理論運用

(一)處理「破窗」要快：盡力防堵任何「企業破窗」現象的發生。萬一發生時，也會在第一時間就修補更新，絕對不讓小錯發酵滋長。譬如：某位老員工，經常遲到早退，有時在辦公室突然失蹤、找不到人，重要會議及工作事項，也因此產生延誤。企業都未處理，最後其他老員工，似乎有樣學樣，開始散漫起來。

(二)避免破窗：企業的成功是不讓錯誤有機會，在最小的地方滋生。譬如：要求員工從小事上就誠信；企業內的廁所，絕對不會髒亂，或缺少洗手乳；沒有不禮貌、服務態度不佳的職員。

(三)衍生出走動式管理：透過走動式管理，深入現場，確實掌握經營的關鍵時刻，且能與顧客、員工保持經常性接觸，進而了解是否有「破口」要補。

破窗理論

一個破窗未處理 → 二個破 → 三個破

房產下跌 ← 治安惡化 ← 強居

小危機未處理 → 大危機

走動式管理

走動式管理

即時處理「破窗」 → 安全有保障

Unit **4-2**
蝴蝶效應

一、「蝴蝶效應」由來

　　1970年代，美國一個名叫洛倫茲(Edward N. Lorenz)的氣象學家，在解釋空氣系統理論時說：「巴西的亞馬遜雨林一隻蝴蝶，翅膀些微的擺動，也許兩週後，就會引起美國德州的一場龍捲風。」洛倫茲強調，在運算的數值中，初始條件的微小差異，就有可能在氣象變化過程中，不斷地被放大。結果對未來狀態，造成巨大的差別，此乃「蝴蝶效應」。

二、「蝴蝶效應」(butterfly effect) 主要精神

(一) 危機會「牽一髮而動全身」，勿坐觀其變，而無防範其波及效應。

(二) 一點小小的差異，會導引到未來，大不相同的結果。

三、「蝴蝶效應」案例解說

(一) **雷曼兄弟「蝴蝶效應」**：雷曼兄弟等投資銀行，進行高風險、高收益的投資，結果破產倒閉。不只動搖了美國的國本，也造成全球性經濟的災難。

(二) **富士康「蝴蝶效應」**：在中國生產iPhone 5的富士康，也是全球最大的代工廠，曾因郭台銘一句「量產製造iPhone 5有難度」，就導致蘋果股價應聲下跌約3%。富士康在大洋這邊小小的「振翅」，就能引發大洋彼岸蘋果股價，強烈的「颱風」。

(三) 日本核災「蝴蝶效應」：日本311大地震後的海嘯，海嘯後的核災，出現蝴蝶效應。由於在全球產業鏈中，日本占據高端地位。一旦這些企業停工減產，供應鏈即出現斷裂、停產危機——iPhone、iPad、波音最新七八七客機、歐美汽車廠商都受到影響。

(四) 明基電通曾因併購德國西門子手機部門，而大賠300多億元臺幣。就在人心惶惶，研發人員開始群起跳槽之際，也是士氣低迷的關鍵時刻。公司開始有人在危機處理室外，獻上鮮花與卡片，鼓勵危機處理的人員。雖然是這麼一點點溫暖的小行動，卻使公司的氣氛，逐漸轉趨穩定！

四、「蝴蝶效應」應用

　　當企業危機爆發時，相信整個企業，包括經理人和員工，都處在氛圍很低迷的狀況。如果此時經理人，以身作則做給員工看，或想出提振士氣的策略，雖然是一點點，也許就這麼一點點，可能就成為化危機為轉機的樞紐。

雷曼兄弟「蝴蝶效應」

雷曼兄弟破產 ➡ 美國金融房地產↓ ➡ 金融海嘯

日本核災「蝴蝶效應」

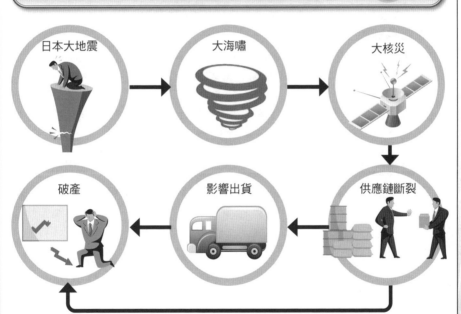

日本大地震 → 大海嘯 → 大核災

破產 ← 影響出貨 ← 供應鏈斷裂

明基併西門子

明基併西門子 ➡ 財務危機 ➡ 士氣低迷 ➡ 研發跳槽

Unit **4-3**
鯰魚效應

一、「鯰魚效應」(catfish effect)由來

挪威人愛吃沙丁魚,挪威人在海上捕得沙丁魚後,如果能讓牠活著抵港,賣價就會比死魚高好幾倍。但往往捕撈到的沙丁魚,一回到碼頭,就死了!只有一位漁民的沙丁魚總是活的,而且很生猛,所以他賺的錢,也比別人的多!後來人們發現,他只不過多放了一條鯰魚。

活動力強的鯰魚,放入魚槽後,在陌生環境下就會四處游動。當沙丁魚發現這一「異己」後,就會緊張起來,加速游動。如此一來,沙丁魚存活率就提高,這就是所謂的「鯰魚效應」。

二、「鯰魚效應」主要精神

危機會激起企業的鬥志,對企業有激勵、刺激的向上作用。

(一) 孟子說:「出則無敵國外患者,國恆亡。」鯰魚就是扮演「敵國」角色,在生存環境中,能發揮巨大能量,避免國家墮落。

(二)「鯰魚效應」可使企業內員工感受到威脅、危機,導致企業更認真的求生存。這也會使得原本充滿惰性的企業,變成滿有活力。

三、「鯰魚效應」案例說明

日本本田公司曾因行銷部沉悶的組織文化,本田先生為扭轉此危機,於是把年僅35歲的武太郎挖了過來。武太郎接任本田公司行銷部經理後,憑著專業和豐富的行銷經驗、毅力和工作熱情,使行銷部全體員工展現工作積極度。公司銷售出現轉機,月銷售額直線上升,公司的市場知名度不斷提升。

四、「鯰魚效應」應用

「鯰魚」有其特殊功能,可以被引用到企業。

(一) 選「魚」:「鯰魚效應」首要條件是,要選擇適當的「鯰魚」。好的「企業鯰魚」,要有積極性、主動性、專業性,更要能影響群眾。

(二) 放「魚」:企業管理若出現危機,「鯰魚效應」可發揮扭轉的作用。假若企業覺得組織內部缺乏效率、士氣低落,便可引進專業、又進取的人才。此時,企業運用「鯰魚效應」,引進新又專業的人才,可激勵公司既有員工,為企業創造有利的人才競爭環境。

(三) 謹慎「魚」:「鯰魚效應」是一把利刃,必須按部就班,小心處理,否則隨時導致災難性的後果。因為引入不合適的「企業鯰魚」,不但不能達到預期目標,反而可能使企業內部不和,引發權力鬥爭,甚至使優秀員工不滿而流失。

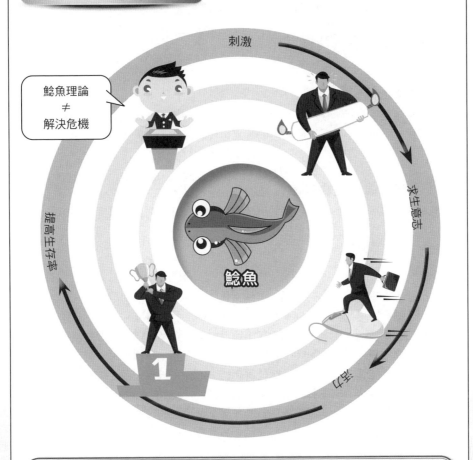

鯰魚效應

刺激

鯰魚理論
≠
解決危機

求生意志

提高生存率

努力

鯰魚

「鯰魚效應」應用

選「魚」

放「魚」

防範「壞」「魚」

Unit **4-4**
手錶定律

一、「手錶定律」內涵

　　「手錶定律」是指一個人，只有一支錶，就會知道現在是幾點鐘。但當他若同時擁有兩支錶，反而無法確定準確的時間，更會使看錶的人，失去對「錶」準確時間的信心。

二、「手錶定律」主要精神

　　企業或專案單位，只能有一個領導核心。就公司發展而言，獨立的領導結構，較有利於公司的發展。若企業或組織出現兩個領導核心(兩支「手錶」)，企業或組織必亂！因為不知道要聽誰的。

案例說明

1. 美國線上是一個年輕的企業，組織文化強調操作靈活、決策迅速，要求一切為快速搶占市場的目標服務。時代華納在長期的發展過程中，建立起強調誠信之道和創新精神的企業文化。兩家企業合併後，企業高階管理層並沒有很好地解決，兩種價值標準的衝突，就好像有兩支「手錶」一樣，導致員工搞不清，企業未來的發展方向。最終，時代華納與美國線上聯姻失敗。這也充分說明，要搞清楚時間，一支準確的錶就夠了！
2. 開發金控曾擁有金鼎證券過半數的股權及董事會的席次。當時兩造爆發嚴重的衝突，這對於公司的發展，有很負面的影響。

三、「手錶定律」應用

　　(一)「手錶定律」：為了不讓員工無所適從，企業在以下四個方面，要避免兩支「手錶」。

1. **行動目標**：對於任何員工，避免同時設置兩個不同的目標，否則將使員工困惑。
2. **指揮**：員工不能由兩個以上的人來同時指揮，這種狀況特別容易發生在專案組織上。因為人是從既有的建置中抽掉出來，可能既有單位主管的指揮，與專案單位的指揮，若發生指揮重疊，不啻讓這個人無所適從，更讓他處在焦慮與壓力之下，疲於奔命。
3. **管理方法**：對於一個企業，不能同時採用兩種不同的管理方法，否則將使這個企業無法發展。
4. **價值觀**：企業應該有核心價值觀，不能同時選擇兩種不同的價值觀，否則，將使企業陷於混亂。

　　(二)在一個很難決策的情況下，特別是危機情境中，危機領導只能有一個核心。

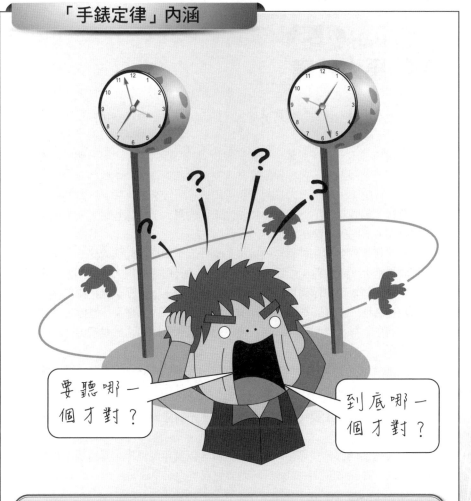

「手錶定律」內涵

「手錶定律」應用

Unit **4-5**
馬太效應

一、「馬太效應」由來：為什麼稱為「馬太效應」？原因是這個核心精神，出現在聖經的「馬太福音」。

馬太福音第二十五章，記載了主耶穌曾說過的一個故事。「有一個財主要到外國去，他把三個僕人叫過來，要把他的家業，交給他們管理。一個給了五千兩，一個給了二千兩，一個給了一千兩，之後他就到外國去了。後來，那領五千兩的僕人，拿了銀子去做買賣，另外又賺了五千兩；那領二千兩的僕人，照樣也賺了二千兩；但那領一千兩的僕人，卻把銀子埋在地底下。」

主人回來後，要審視他管理的成果。那領五千兩銀子的僕人、二千兩銀子的僕人，都將成果呈上。主人說：「好，你們這又良善又忠心的僕人，你們做得很好，我把更多事交給你們管理，你們可以進來和我一同快樂。」但那領一千兩的僕人，銀子原封不動地在這裡。主人回答說：「你這又惡又懶的僕人，你至少應該把我的銀子，放在銀行生利息，等到我回來的時候，可以連本帶利收回。」於是把他這一千兩銀子奪過來，給那有一萬兩的僕人。

最後主耶穌說：「因為凡有的，還要加給他，叫他有餘；沒有的，連他所有的，也要奪過來。」這兩段話，就是「馬太效應」常被引用的內容。

二、「馬太效應」主要精神：上帝給每個人都有恩賜，恩賜雖有大小，但重點是要去發揮。

企業對每個部門都有預算和人力資源配置，以及年度目標、月目標；企業應有最高的仲裁單位，對各單位公平的進行獎勵與懲罰，獎罰要分明。

三、「馬太效應」應用

(一)企業內的每個部門都有預算，也有預定的目標。如果將既定工作閒置在那裡，對企業就是虧損！

(二)原預定給績效過差單位的獎勵金(或其他東西)，則轉發給績效佳的單位。「凡有的，還要加給他，叫他有餘；凡沒有的，連他所有的，也要奪去。」

(三)如果企業最高的仲裁單位，對各單位或員工，沒有公平的進行獎勵與懲罰，導致賞罰不明，將使企業發展埋下危機因子。

(四)如果企業最高的仲裁單位，所明定的獎勵與懲罰，未能貫徹執行，將使企業發展埋下危機因子。

(五)考量員工對組織相對之貢獻度，以進行員工薪資調整。

(六)進行危機預防的企業或單位，將從中獲得預防勝於治療的好處。愈預防就愈知道危機預防對公司的幫助，對公司永續經營的助益就愈大。反之，沒有預防的企業或單位，一旦危機爆發，企業或單位都可能被市場淘汰，或疲於奔命處理危機。

「馬太效應」主要精神

發揮「恩賜」	好僕人	大賞賜

「馬太效應」應用

埋藏「恩賜」	惡懶僕人	奪其所有	賞好僕人

預算閒置部門			達成目標部門

預防危機	企業茁壯	投入更多資源	更茁壯

Unit 4-6 墨菲法則

　　「墨菲法則」、「派金森定理」和「彼得原理」，並稱為20世紀西方文化中，三大重要發現。墨菲法則運用在企業危機管理上，就特別適用於執行複雜事務的層面！如果沒有事先的演練，屆時在緊張急迫的險境下，出錯的機率很高！而且所謂「魔鬼都是藏在細節裡」，就更加凸顯事前規劃，與訓練的重要性。

一、「墨菲法則」(Murphy's Law)由來

　　「墨菲法則」的源起歷史，可追溯至1948年間，參與美國空軍「火箭雪橇」(rocket sled)發展計畫，旗下空軍上尉工程師墨菲(Major Edward A. Murphy, Jr.)發現，當時在模擬實驗中，已清楚要求每位參與者，把夾子用正面夾好。結果還是有人，連續47個夾，都夾錯了！

二、「墨菲法則」內涵

　　(一)如果有兩種或兩種以上的選擇，而其中一種將導致災難，則必定有人會作出這種選擇。引申為「所有的程式都有缺陷」，或「若缺陷有很多個可能性，不管這種可能性多麼小，它總會朝情況最壞的方向發展」。

　　(二)任何有可能出錯的事，就會出錯。

　　(三)某些不能出錯的複雜事務，沒有事先透過詳細的演練，就一定會出錯！

三、「墨菲法則」分享

　　(一)人可能經不起誘惑而犯錯，董事長、總經理是人，因此就可能成為公司最大危機根源！2013年新聞指出，檢調查證，上市公司台苯前後任董事長張鍾潛、劉正元，前任董事孫鐵漢、前任總經理蘇嘉屏與現任財務副總陳明得等人，利用轉投資紙上公司、收購不良公司、處分陽明山天籟飯店等手法，掏空台苯資產超過10億元，並涉及至少19件掏空案。

　　(二)2001年9月11日恐怖攻擊事件，美國的航空業和旅遊業受到重創！「911」事件前，有誰會想到「911」爆發的模式？所以只要有可能發生，就沒有什麼是不可能！

四、「墨菲法則」應用

　　(一) 前有周詳計畫的危機預防，才能降低事物出錯的可能性。

　　(二) 企業既然會出錯，就要有危機應變計畫，將衝擊降到最低。

　　(三) 企業危機出現前，就必須培養訓練有素的處理團隊，勿臨渴掘井。

　　(四) 愈早掌握可能出現危機所在，就愈能在危機發生的時候，採取必要的應變措施。

　　(五) 危機意識一刻不可少。

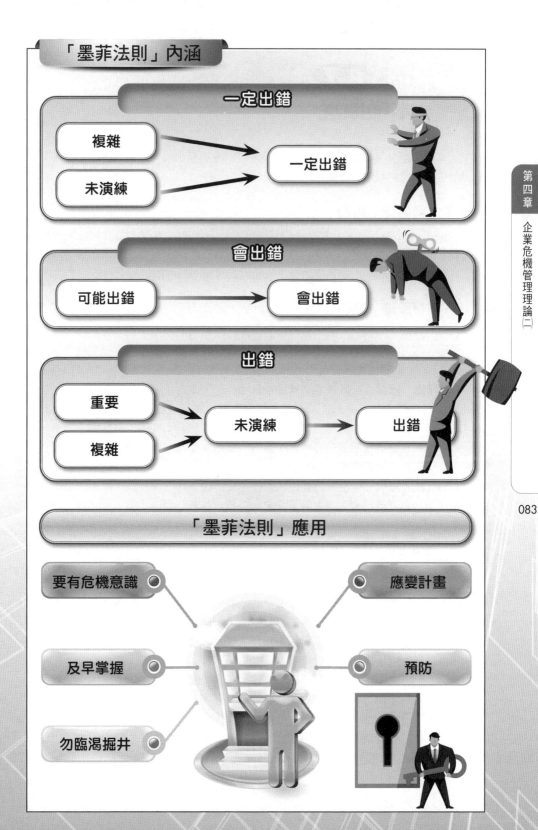

「墨菲法則」內涵

一定出錯

複雜 → 一定出錯
未演練 →

會出錯

可能出錯 → 會出錯

出錯

重要 → 未演練 → 出錯
複雜 →

「墨菲法則」應用

要有危機意識 ○

及早掌握 ○

勿臨渴掘井 ○

○ 應變計畫

○ 預防

Unit **4-7**
木桶原理

　　「木桶原理」又稱短板理論，與一般常規思維不盡相同。但卻被證明是正確的論斷，而且可以運用到企業危機管理！

一、「木桶原理」內涵

　　一個木桶盛水的多少，並不取決於桶壁上最高的那塊木塊，而恰恰取決於桶壁上，最短的那塊木板(簡稱「短板」)。這是因為水的介面，是與最短的木板平齊的。決定木桶容量大小的，不是其中最長、最凸出的那塊木板，而是其中最短的木板！

二、「木桶原理」案例

　　(一)不專業「短板」：富邦金控獲利多少，不是決定在董事長或總經理，而是決定在整體團隊，團隊又經常決定在非常基層的員工。譬如：富邦證券營業員下錯單，把8千萬元輸入成80億元，成為史上最大烏龍交易案。

　　(二)缺德「短板」：臺灣老字號乖乖食品公司，他的企業形象決定權，不是決定在高層如何規劃企業形象，而是決定在整體團隊，團隊又經常決定在非常基層的員工。乖乖業務經理楊志峰表示，因有業績壓力，未告知公司高層，自行作主出單，因而將過期水果軟糖低價售予荷亞商行，讓對方竄改生產及保存日期後，再銷往夜市和傳統市場，或批發給各零售店。

　　(三)行銷「短板」：企業可能投入大量經費研發，好不容易也研發出市場需要的新產品，但最基層的行銷人員，若不懂產品特質，或無心鑽研了解，或不賣力行銷，都只有一個結果，那就是東西賣不出去！換言之，整個公司的營收利潤的關鍵，都決定在第一線的行銷人員。

三、「木桶原理」運用

　　(一)對一個團隊組織而言，構成組織的各個要素，類似於組成木桶的若干木板。譬如：免付費專線的接線生，是面對消費者的第一線人員，更是企業形象的代表。對於企業偶爾發生的客訴，客服人員如果處理失當或忽視，很有可能就讓小糾紛，演變成在媒體爆料的大事件，也變成企業的危機。

　　(二)假設將木桶原理，運用到組織管理上，在一個團隊裡，決定這個團隊戰鬥力強弱的，不是那個能力最強、表現最好的軟體、硬體、制度、士氣，而恰恰是那個能力最弱、表現最差的落後者！因為，最短的木板，會對最長的木板，產生限制和制約的作用，因此，也就決定了這個團隊的戰鬥力，影響了這個團隊的綜合實力；也就是說，要如何讓短板達到長板的高度，或者讓所有的板子，維持「足夠高」的相等高度，才能透過團隊，完全發揮軟、硬體的作用！

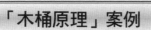

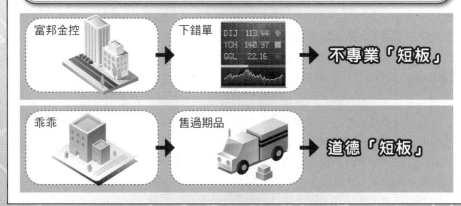

Unit **4-8**
團體迷思

　　企業危機的威脅性，可能會導致團體迷思情形出現，因而使得決策品質不佳，甚至做出不利的行動。

一、「團體迷思」(group think)由來

　　珍妮絲(Irving L. Janis)研究，同質性過高的團體，在危機處理時的思考，常會出現嚴重的缺陷。這是一種團體決策的趨勢，為了要一心一意維持團體成員共同的意志，而刻意忽略或無視於潛在的危險性，或重要問題的考慮，而斷然作出不適當的決策。她所使用的證據，是以美國三任總統危機處理的重大缺失，作為「團體迷思」盲點的證據。

二、「團體迷思」內涵

　　(一)「團體迷思」原因：1.決策群構成緊密團體；2.組織結構的瑕疵——組織對外過於孤立、缺乏回到方法論程序的規範、成員社會背景與意識型態過於一致；3.外在刺激的情境架構——外在威脅所產生的高度壓力，因而無法產生較領導者更佳的解決方案；4.自信力低——明顯缺乏其他選項；5.外在挑戰威脅過大；6.最近經歷失敗，而不敢過於凸出。

　　(二)決策錯誤：重點是主流團體的內部思考，有很強烈的既定立場與成見，少數成員不希望提出不同面向，而被貼上「非我族類」的標籤。即使決策者的解決方案有誤，在內部追求一致性成分升高的情況下，因而無法即時扭轉，進而形成團體思考的盲點，最後無法成功解決危機。

　　(三)「合一」根源：1.不會失敗的幻覺——過於樂觀且勇於嘗試風險；2.組織內一致的道德信仰——易忽略道德與種族可能產生的結果；3.易合理化的忽視或降低已出現警訊的意涵；4.易於降低自我的意見，而避免偏離群體意見；5.誤以為沉默代表同意，而產生一致性共識的幻覺；6.易於感受到不同意團體的刻板印象或決策共識，就等於是背叛團體的直接壓力；7.避免會粉碎決策共識的資訊出現。

　　(四)避免「合一」方法：1.領導者在交付某團體任務時，應避免說明自己的決策偏好；2.有適當制度來鼓勵成員提出不同意見；3.制度性應建構從敵人角度思考問題的反對者角色；4.應有外在的政策計畫小組成員，外在的專家參與討論；5.政策計畫小組成員應定期與外在專家組織交換意見；6.重視不同組織的警訊與不同意見；7.雖已達成最佳選項的預備共識，但在未下達最後命令前，仍不忘召開另一個會議，來逐一討論最佳選項的風險與缺失；8.未下達最後行動命令前，由不同人來擔任主席，分小組再仔細的討論；9.制度上應對相同議題，分設不同的政策計畫及評估的小組，且輪流由不同單位來任主席一職，使討論能更深入不同的面向。

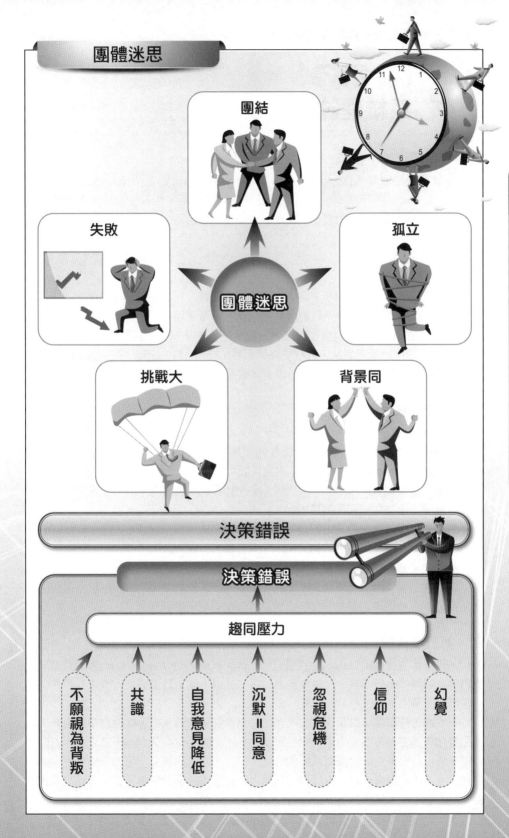

Unit **4-9**
系統理論

一、「系統理論」由來

　　企業系統是由輸入(input)、內部運作(throughput)、輸出(output)、回饋環(feedback loops)等所構成。這種系統是一種相互作用、相互依賴、相互影響的組織,並按照一定規律組合起來。企業正是按照其經營目標,在此結構中,求生存、求發展。

二、系統危機

　　系統理論的輸入與輸出項之間,存在重要的關鍵,這項關鍵就是決策。當環境變化超越系統能處理的範圍時,就形成系統危機。當產業環境變化的速度,高於企業調整與應變的速度時,企業也將面臨威脅。此外,當輸入項的量(過多的「要求」或情報),超過決策所能處理的量,會產生決策超載(overload),此時決策品質下降,危機處理戰略可能產生嚴重錯誤,甚至形成企業體系本身功能的癱瘓。

三、系統危機處理

　　當外在或內在的環境,出現危機因子時,企業本身就必須進行某種程度的處理,以解決各種可能發生的狀況。這種處理的程序,就是市場法則所謂「適者生存」的「求生」過程。這種過程大致可分為六大步驟:

1. 發現各種內在與外在環境的變化(競爭對手的狀況、產業的前景、生產和銷售狀況、企業內部與外部環境因素)。
2. 針對外在改變與組織內部需要,輸入各種必要情報、資源和人力。
3. 根據外在資訊所得的「輸入項」,進行綜合性研判。
4. 決定處理的戰略、戰術,以及各執行步驟。
5. 輸出各種符合該項變化的新產品和新服務,若有必要,則調整內部作業程序。
6. 檢討危機處理的績效,作為處理下一個危機的借鑑與參考。

四、第五項修練

　　彼得‧聖吉(Peter Senge)的《第五項修練》(*The Fifth Discipline*)一書,曾被《金融時報》選為二十多年來,最具影響力的書。彼得‧聖吉特別透過「煮青蛙事件」的小故事,強調「系統思考」的重要。

　　1.「煮青蛙事件」內涵:「如果您把一隻青蛙放到沸水中,牠會立刻跳出來,但是如果您先把青蛙放在冷水中,然後漸漸地把水加熱,青蛙就會慢慢被煮死。原因就在於,牠沒有察覺到,牠周圍環境的變化,因此,沒有察覺到直接的危險。」由於把青蛙放入冷水中慢慢加熱,青蛙會因為無法察覺水溫的細微變化,對緩慢而來的致命威脅,視而不見,導致最後致命危機的爆發。

　　2.「煮青蛙事件」在說明,寧靜危機(quiet crisis)的可怕性與發展性!

企業系統與決策

傳播效果

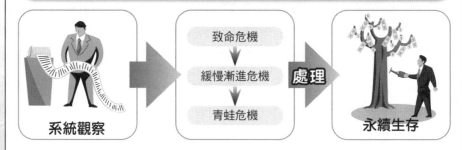

知識補充站

「煮青蛙事件」對於企業危機，有三點重要的提醒

第一、緩慢漸進，最可怕，來的時候靜悄悄，發現的時候，已來不及！

第二、如果只集中注意力，在救明天的火，那就永遠有救不完的火！

第三、對於企業環境的內外變化，要有系統性的觀察，才能凸顯與掌握「水溫」的變化！

Unit **4-10**
彼得原理

一、「彼得原理」由來

　　「彼得原理」(The Peter Principle)是美國管理學家勞倫斯‧彼得(Laurence J. Peter)博士，在《彼得原理：為何事情總是搞砸了》一書中，所提出來的。他是根據組織中不能勝任、失敗的實例中，分析並歸納出來，並在1969年出版的一本書裡提出來。「彼得原理」雖然不是舉世皆然、一成不變，但卻值得警惕。

二、「彼得原理」內涵

　　(一)勞倫斯‧彼得對組織中人員晉升相關的現象研究後，得出的一個結論。前一個職務表現不錯，並不等於後一個位置、工作就會表現不錯！

　　(二)在組織或企業的等級制度中，人會因其某種特質或特殊技能，往上升到他無法繼續上升的位置，同時也令他被擢升到不能勝任的地步。他的升遷變成組織的障礙物(冗員)及負資產，此謂彼得原理。換言之，一個人最後擔任的職務，往往超過其能力。

三、「彼得原理」案例說明

　　一名稱職的行銷人員，被提升為管理部的經理，他對行銷是專長，對管理部門可能為外行，因此，難以勝任管理部門的工作。如果該員升不上去了，就得待在「管理部的經理」。在這個時期管理部，卻是由他(她)來擬定，這個政策會不會有問題？換言之，每個人在職涯發展中，都會升到他不能勝任的職位。由此導出來的彼得原理推論是：每一個職位，最終都將被一個不能勝任其工作的員工所占據。換言之，層級組織的工作任務，無論是商業、工業、政治、行政、宗教、教育各界的每個人，都會受到彼得原理的控制，只能升到他(她)能力不能勝任的職位！在企業領域會不會出現這樣的問題？

四、破解「彼得原理」

　　(一)**人事升遷前**：企業進行人力資源規劃時應注意，上三級的培養與規劃。它的意思是，在對人力資源培訓時，都是提高三級來培訓，這樣就可以避免「彼得原理」的危機。

　　(二)**人事升遷後**：人力資源部門對於人事升遷之後，應主動協助主管度過「不適任」的尷尬期。特別是對於心理調適和相關專業知識與經驗的部分，可以採取有效措施，譬如：「經驗交接簿」、「工作日誌」等。

　　(三)**個人**：除應不斷充電提升各方面的自我能力外，保持自信，採取積極的態度，並且永遠保持熱情，就能夠衝破逆境，作一個勝任的快樂工作者。

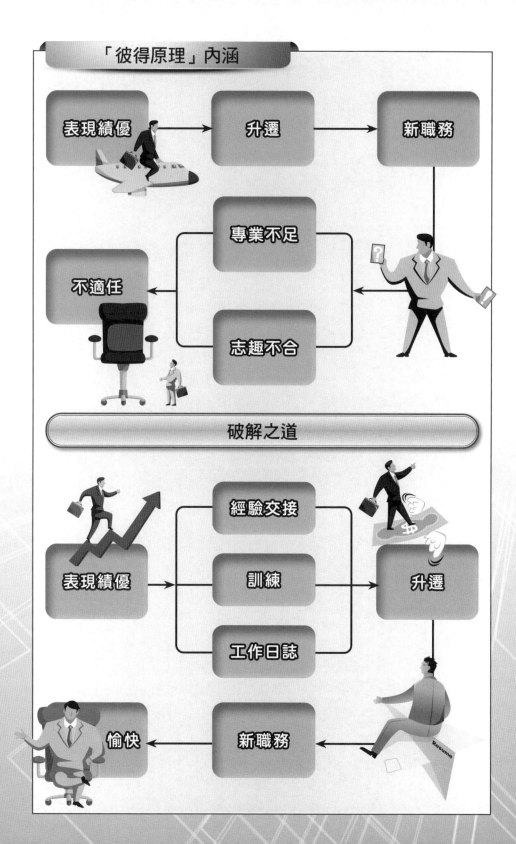

第 **5** 章
企業危機預防(一)

●●●●●●●●●●●●●●●●●●●●●●● 章節體系架構 ▼

Unit 5-1
企業應預防的戰略危機

恐龍之所以絕跡，不是因為被更凶猛的掠食者所消滅，而是因為不能適應地球環境的改變。蟑螂之所以能夠生存，不是因為牠擁有無堅不摧的尖牙利爪，而是因為牠能適應各種惡劣的環境。正如兵書所說：「善用兵者，能度主客情勢，移多寡之數，翻勞逸之機，遷利害之勢，挽順逆之狀，反驕厲之情。」

企業要預防的戰略危機包括：

一、輕敵：鐵達尼號郵輪沉到加拿大附近海域，關鍵就在於輕敵(疏忽冰山的嚴重性)。成功企業最常犯的毛病，就是輕忽對手實力，過度沉迷於昔日的成功，而忽略了敵人已經逼近。Nokia對於蘋果的崛起、蘋果對於三星的快速崛起，都是教訓。輕敵的現象，在企業成長期最嚴重！

二、反應太慢：產業競爭大環境急遽變遷，對市場反應太慢，不利於企業生存！柯達、富士軟片公司被邊緣化，就是證明。我國做電線電纜起家的華新麗華，曾看準當紅的TFT—LCD商機，而跨界成立瀚宇彩晶生產面板。但由於切入時點已晚，前幾名的大廠已穩居市場，因而虧損。

三、內部衝突：企業經營最怕高層經營者之間，路線衝突或權力衝突，造成企業僵化的經營，而喪失制變的先機，最後使企業難逃被市場淘汰的命運。味全原始股東衝突，最後被頂新集團入主。內部衝突，屬企業之「癌」。

四、欠缺整體考量：在規劃策略的過程中，要將所有要素環環相扣，並明確釐清各項要素，以決定如何將其整合在一起。如果過於短視近利，缺乏系統宏觀的經營戰略，就可能成為企業失敗的根源。最終將導致公司長期的衰退，甚至爆發危機。台塑南亞的大火，其中原因和壓低鋼管成本，造成低成本的鋼管，經不起海風、海鹽的腐蝕。

案例分享

　　以西南航空(Southwest Airlines)為例，在面對激烈競爭的美國航空市場，該公司面對市場諸多強敵，原本該公司僅能扮演邊陲性的角色。但由於「能度主客情勢」，故能提出正確的競爭戰略，選擇較短的直航路線、較不擁擠的機場，作為營運的焦點。由於都是短程航線，不但使得機型統一(波音七三七)，達維修及採購的規模效益；同時機上不提供餐點，對於成本控管助益極大。由於企業策略正確，所以最後該公司從逆境轉回。

策略危機

反應過慢
(柯達、富士)

輕敵
(鐵達尼號)

欠缺整體考量
(台塑、南亞大火)

內部衝突
(味全)

成功企業家

掌握大局
(主客情勢)

轉變市占率
(多寡之數)

謙虛－不過度自信
(反驕厲之情)

策略
(危利害之勢、順逆
之狀、翻勞逸之機)

Unit **5-2**
應預防之人員危機

企業生產、行銷、人力資源、研發、財務等管理，每一項的關鍵都是人！如果人出了問題，將在企業不同層面，出現林林總總不同的危機，因它的關鍵就是人，所以「人」不能出問題！

在全球化競爭的時代，企業要更重視選才、育才(人員培訓工作)、用才、留才。有優質的人才，才能提高客戶(消費者)的滿意度，企業也才能永續生存。

一、企業學習力危機

競爭者的挑戰，外在環境激烈的變遷，如果企業不能與時俱進，組織不能不斷學習，競爭力不能快速提升，勢必難以應付外來挑戰，企業就會逐漸衰微。既然「變」已成常態，整體企業組織就必須全面學習，才能持續地創新。

Mark Haynes Daniell強調，企業的組織形式，應成為「學習型的組織」，使企業員工增強職能專長、擔負新的使命與角色。這樣才能有效反應，外在環境的威脅。

二、品德與忠誠度危機

品德與忠誠度，都是企業員工的必備條件、永續發展的資產，但也可能是企業崩潰的源頭，中國人所謂「水可載舟亦可覆舟」正是這個道理。企業如果用操守不佳的人，擔任企業要職，隨時都可能重擊企業。

(一)銀行危機

根據Hill研究美國67家經營失敗的銀行，所歸納出的失敗原因，以「品德缺失」最嚴重！這些原因有：

1. 對內部關係人的不當貸款。
2. 由於職員的道德風險，所發生侵占和盜用公款。
3. 貸款品質管理不良，最後導致呆帳損失。

(二)著名案例

1. **瓦解企業**：1995年2月26日，轟動全球的霸菱銀行(Barings Bank)，因虧損14億美元而宣告倒閉。其鉅額虧損係由一名年僅28歲的營業員里森(Nicholas Lesson)，在未經授權的情況下，利用高的期貨槓桿下注，將百年基業的霸菱銀行(1762年成立)一舉擊垮。

2. **半毀企業**：國際票券公司板橋分公司的營業員楊瑞仁，盜開國票公司商業本票長達半年，企業累計損失金額高達100多億元。

3. **打擊企業**：2002年台積電員工涉嫌利用電子郵件，將公司晶圓製程與配方等營業機密，傳輸到上海某國際集成電路公司，嚴重影響企業未來發展。

企業管理核心

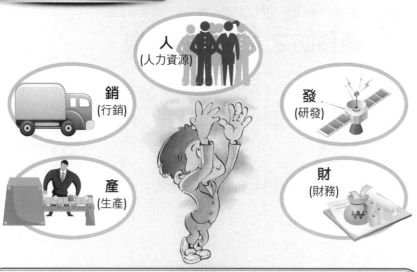

人
(人力資源)

銷
(行銷)

發
(研發)

產
(生產)

財
(財務)

經營環境

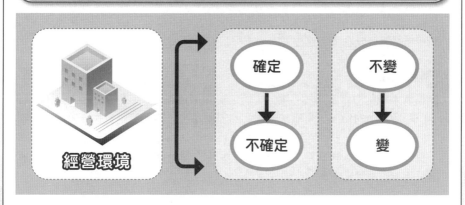

經營環境

確定 → 不確定

不變 → 變

員工無德案例

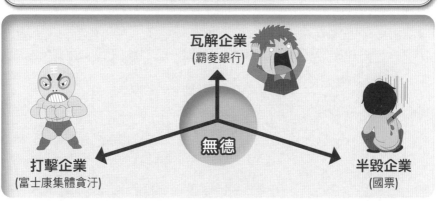

瓦解企業
(霸菱銀行)

無德

打擊企業
(富士康集體貪汙)

半毀企業
(國票)

Unit 5-3
應預防之人才資源危機

　　企業掌握了人才，就等於掌握了市場的主動權。沒能留住人才的企業，很可能在缺乏競爭力的情況下，逐漸萎縮，最後走向倒閉之途。

一、人才流失危機

　　人才是企業生存的命脈，優質專業員工的流失，可能是內部制度有問題，也有可能是外在其他企業的挖角，而使大批專業員工楚材晉用。

　　美國資料庫軟體公司「甲骨文」，因執行副總裁布魯姆(Gray Bloom)被挖角，而轉任Veritas軟體公司總裁兼執行長，消息宣布後，立即造成原公司股價重挫15%。

二、被綁架危機

　　人才是企業經營的一項重要資產，人的死亡或喪失工作能力，都可能會危及企業經營目標的達成。愈重要的員工，所帶來的破壞性就愈大。尤其是負有企業重大責任的相關人員，因其所掌握的企業機密等級與所接觸的層面很廣，若突然喪失工作能力，其結果勢將造成企業一定程度的傷害與損失。

三、制度缺陷

　　制度若太過苛待員工，必然產生「異化」(alienation)的現象。表面上雖不會當面衝突，但許多暗中的損失，是無法直觀式的因果論述，特別是企業對外接觸最頻繁的單位，如門房、警衛、倉庫管理員、採購原料零組件的幹部、與銀行往來的財務會計人員及處理海關事務的報關員。由於這些人掌握企業營運動態，若對這些人的管理不當，很可能為企業帶來無窮的危機。

四、結構危機

　　市場不是靠單打獨鬥，而是企業群策群力的總體戰力。溝通不良，則易造成企業無法快速反應，而失去先機。若公司各部門，皆各自以自己所屬部門的利益或立場行事，影響所及，狀況較輕者，協調困難，部門間無法搭配行動，導致目標難以達成；狀況較重者，寧可犧牲公司利益，也要追求自己部門的利益。所以必須確保各部門，在公司大戰略目標下，集眾智、眾力，發揮相加相乘的效果。

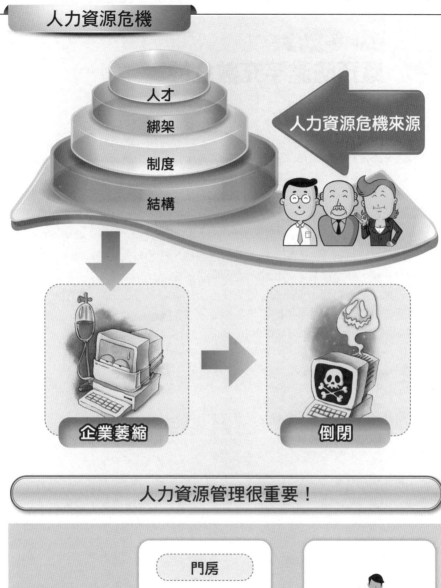

Unit **5-4**
應預防濫竽充數危機

圖解企業危機管理

一、人才重要

企業成敗，人才是關鍵。沒人才，如何創新研發，建立品牌？

(一)銀行的資產管理、負債管理、風險管理，以及推出新金融商品等，都需要人才。(二)企業網站需程式開發、撰寫，並要維護及更新網站內容，也需要人才。

二、濫竽充數危機

當企業在高度成長，或亟需用人之際，卻又難招募到員工時，就很可能放鬆對應聘者的篩選和資格審查。因而使得一些缺乏經驗、技能較低，管理能力、技術水準明顯不夠的人員，甚至沒有受過正規培訓的職工，也充斥在企業的技術研究、產品研發、市場行銷、財務管理、資訊管理等重要部門的職位。這些由於經驗和能力缺乏的員工，卻擔任企業要職，結果可能隨時為企業帶來危機。

企業如果有1,000人，卻只發揮200人的戰力，其餘800人的戰力不見了，卻仍要付薪資，這是一種浪費，也是人力資源的一種危機。

案例分享

一、車諾比核電廠的爆炸危機：反應爐的冷卻系統設計不良，以及缺乏防止輻射外洩的圍堵結構，固然是重要原因，然而如果沒有人員不當操作，也不會造成前蘇聯烏克蘭地區的重大災難。

二、日本雪印乳業株式會社：因乳品品質不良危機，導致1萬多名消費者集體中毒，造成公司創立75年來，最大的經營危機。造成的主要原因是，大阪廠第一線員工，未依衛生規定按時清洗，並將未出貨或退貨之過期乳製品，還重新加工生產。危機爆發後，第一線員工不僅沒有即時採取行動，也沒有向上級呈報，而導致危機持續升高，最後使整個企業的經營權轉移。

三、招募危機：企業可能因新招募員工，而該員工恰巧從其他公司帶來營業秘密。企業若是不察，或有意的疏忽，自然可能會侵害他人之營業秘密，這就可能因人，而帶來企業的法律危機。根據「營業秘密法」第2條所稱的「營業秘密」，係指方法、技術、製程、配方、程式、設計或其他可用於生產、銷售或經營之資訊；同法第12條，因故意或過失不法侵害他人之營業秘密者，企業應負損害賠償責任。

基本上判斷營業秘密究竟屬誰，是看這項研究開發工作，是否屬於員工的職務範圍，若是，研究開發的營業秘密，原則上歸公司所有。員工不可以在新任職的公司，使用原來的營業秘密。

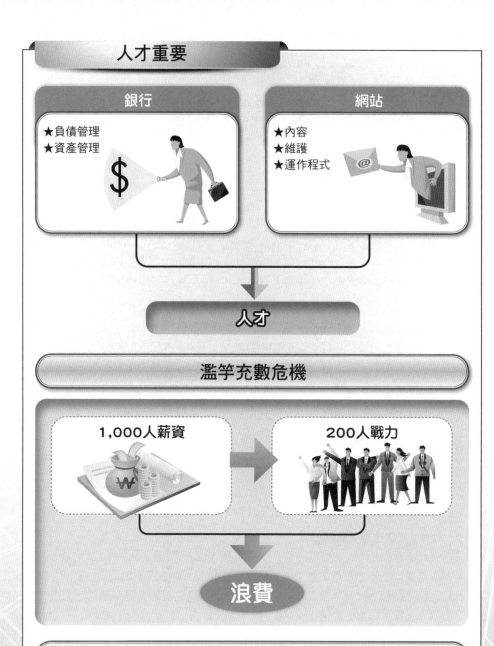

人才重要

銀行

★負債管理
★資產管理

網站

★內容
★維護
★運作程式

人才

濫竽充數危機

1,000人薪資

200人戰力

浪費

人才危機

車諾比(俄)危機爆發

雪印奶粉(日)危機爆發

Unit **5-5**
應預防士氣、制度危機

　　士氣和制度，是人力資源領域所不可或缺的要素。但這兩項要素，若未能預防可能的問題，恐怕為企業帶來可怕的危機。

一、士氣危機

　　(一)員工士氣的重要性：心理學的專家麥可克蘭(D. C. McClelland)研究企業主管的成就動機，與各種企業成功指標的關聯性，結果顯示，公司的成功，很關鍵的一部分就是士氣高昂的成就動機。事實上，不屈不撓的主觀意志與奮鬥力，常是凝聚企業向心力、對抗危機的有力工具。

　　(二)士氣意義：士氣(morale)指的是對工作滿足的一般感覺，它是由情緒、態度及意見等綜合混合而成。士氣可以增加企業員工忍受挫折的能力，也可以使各級主管意志集中、力量集中。若企業缺乏了士氣，對企業而言，必然是重大損失。

　　(三)士氣危機的關鍵：士氣危機容易造成企業墨守成規、缺乏全力以赴的衝勁，忽略外環境變化。企業管理很少將士氣納入考量，但它卻是很重要。

二、主管士氣

　　企業主管除了領導團隊，執行上級交代之任務外，更需要在執行任務過程中，激勵部屬讓團隊在有限資源與期限內，達成上級訂定的目標。一個企業的主管，如果士氣低落，怎麼可能會有雄心勃勃、士氣高昂的部屬。

(一)激發團隊士氣的具體作為
1. 公司不要滿足現況，要接受挑戰──繼續不斷地奮鬥。
2. 主管要能不斷地找尋新的主題、擴大新的領域，邁進新的環境。
3. 主管要能繼續不斷的擴展視野、提高目標、建立新的期望與渴求，以此來帶動、鼓舞、振奮部屬的士氣。
4. 主管必須率先行動，要起而行，不能只是坐而言。
5. 領導者需具備多種能力：計畫、控制、組織、溝通、紀律等，但是，最重要的仍是激發士氣。

(二)調適員工壓力
　　面對壓力甚巨的職場環境，員工不但需要具備良好的應變力與抗壓力，企業界更是積極培訓「員工心理諮商輔導人員」，面對員工心理問題時，若能具備心理諮商輔導實務技巧，就能即時有效處理，避免演變成危機事件！

士氣危機

- 墨守成規
- 市占率下降
- 不願付出
- 消費者滿意度下降
- 忽略環境變化

制度危機

- 忽略關鍵
- 欺騙
- 知情不報

Unit 5-6
應預防職業傷害危機

　　危機管理必須以人為本，畢竟機器設備損壞可以重新添購，但人員損失卻再也請不回來。企業若是僅致力追求利潤，對員工人身安全過於忽視的話，將威脅到產品製程、交貨時間，甚至要付出人員意外死亡的龐大補償金。

一、職業災害

　　依據我國「勞動基準法」第59條的規定，勞工因遭遇職業災害而致死亡、失能、傷害或疾病時，雇主應依規定予以補償。

二、危機引爆危機

　　在嚴重的職業災害環境工作，難保公司內部員工信心不會動搖而另謀高就，到時候相關負責的專業人才出走，儘管危機順利解決，但另一個人才危機卻緊跟著來。如果是科技研發公司，危機的殺傷力更大！尤其是以經營人才及研發人才，作為主要核心競爭力的企業，因養成不易，若出現高離職率，應將之視為迫切的組織危機。

三、出現高離職率

　　職業災害頻率過高，將會造成組織中人員流動過速，對於企業會產生五種不利的效果。

　　(一)組織氣候氣壓低：難以建立合作的夥伴關係。新進人員也易受此低氣壓影響，而萌生去意，造成惡性循環。

　　(二)競爭力消長：經企業訓練與教育之優秀員工，若轉任至競爭者的陣營中，這批既熟悉原公司運作內情，又經過基礎訓練，正逐漸展現戰力的人員，對企業的短期及永續經營，皆有極不利的影響。

　　(三)客戶的信心危機：若與客戶或消費者對應的人員頻頻更換，將影響客戶對企業的信任程度。

　　(四)工作善後成本：部分離職的人員，在決定離職，卻尚未正式離開前的這段時間，已無心於原工作業務或維持業務的正常運作。甚至有可能心生不滿，而蓄意破壞公司形象、離間與企業客戶間的關係。在人員正式離職後，企業必須處理客戶抱怨、收拾前任業務員所留下來的爛攤子。

　　(五)形象危機。

職業災害

賠償

客戶信心↓

組織氣候

職業災害

善後成本

競爭力↓

形象

危機壓力影響危機處理

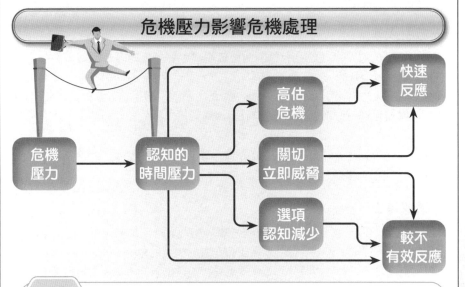

危機壓力 → 認知的時間壓力

高估危機 → 快速反應

關切立即威脅

選項認知減少 → 較不有效反應

知識補充站

依據我國「勞動基準法」第59條規定,勞工因遭遇職業災害而致死亡、失能、傷害或疾病時,雇主應依下列規定予以補償:

1. 勞工受傷或罹患職業病時,雇主應補償其必需之醫療費用。

2. 勞工在醫療中不能工作時,雇主應按其原領工資數額予以補償。但醫療期間屆滿二年,仍未能痊癒,經指定之醫院診斷,審定為喪失原有工作能力,且不合第三款之失能給付標準者,雇主得一次給付四十個月之平均工資後,免除此項工資補償責任。

3. 勞工經治療終止後,經指定之醫院診斷,審定其遺存障礙者,雇主應按其平均工資及其失能程度,一次給予失能補償。失能補償標準,依勞工保險條例有關之規定。

4. 勞工遭遇職業傷害或罹患職業病而死亡時,雇主除給與五個月平均工資之喪葬費外,並應一次給與其遺屬四十個月平均工資之死亡補償。

Unit 5-7
人力資源危機解決方案(一)
——人才與招募

　　企業危機處理最忌頭痛醫頭、腳痛醫腳的處理方式，以及使用臨時的措施，來替代根治應有的作為。以下提出標本兼治企業人力危機處理方案，以供企業作為處理人力危機之用。

一、吸引人才

　　強調公司的遠景，並設計有誘因的薪資結構，對於吸收具市場競爭力的員工，應該較有誘因。遠景的描繪，具長程的吸引力，同時若能搭配分紅配股的薪資結構，不僅對外號召人才有吸引力，對內也能激勵員工潛能、增進績效、改善組織目標(業務目標、財務目標、作業目標、行為目標)。畢竟員工與公司互利共榮，才是長久之計。

　　企業對於薪資結構可加強處，包括本俸、職務加給、獎金及因特殊職務所產生的津貼(薪酬＝本俸＋津貼＋獎金＋間接給付)。

二、慎選員工

　　員工甄選是第一關，也是最重要的一關。在甄選時，企業絕對不能忽略的是，品德與忠誠度的標準。忠誠度愈強烈，支持企業的程度就愈高，外來的誘惑將相對減少。除忠誠度之外，新經濟時代企業需要的是，勇於創新的專業能力，這裡的專業能力，指的是能開啟消費者潛藏的需要。

　　(一)在尋找行銷業務人員時，就要著重其應具備的特質，如：

　　1.專業性：銷售技能，對顧客產品及產業知識。

　　2.貢獻性：幫助顧客達成提升利潤，及其他重要目標的能力。

　　3.代表性：對顧客利益的承諾；提供客觀建議、諮詢及協助的能力。

　　4.信賴性：誠實、可依賴性、行為一致性以及一般應遵循的商業道德。

　　5.相容性：業務人員的互動風格與顧客特性。

　　(二)統一企業在遴選時，首重操守；台塑企業則重在獨立思考、解決問題與整體規劃的能力；國泰人壽則要求存誠務實；美商萬國商業機器集團(IBM)公司則強調必勝的決心；日商的大葉高島屋百貨則要求要有服務的熱忱。

三、制度變革

　　企業則必須針對制度的問題點，修正或重新設計制度，使其較符合企業員工的需求，以及提升企業的競爭力。制度變革也可從離職原因中探討，若是離職原因的問題根源，是出在企業的制度面，如薪資獎金制度、出勤管理制度、休假制度、升遷制度等，那麼就可根據這些方面，加以變革。

吸引人才

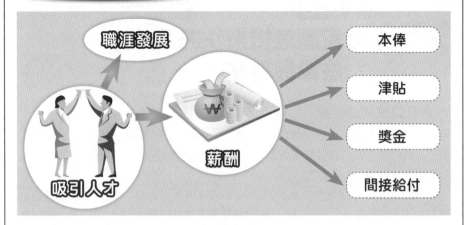

職涯發展

吸引人才

薪酬

本俸

津貼

獎金

間接給付

找行銷人員

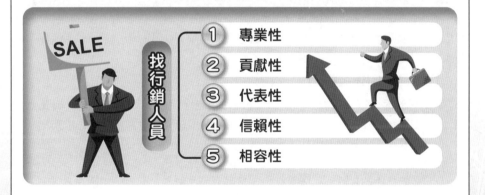

SALE

找行銷人員

1 專業性
2 貢獻性
3 代表性
4 信賴性
5 相容性

選才

選才

統一	操守
台塑	獨立思考
國泰	存誠務實
IBM	必勝決心
明道大學	熱情、理想、實踐
大葉高島屋	服務熱忱

Unit **5-8**
人力資源危機解決方案(二)
——法律與專業

一、簽訂競業禁止條款

　　法律具嚇阻作用，可限制離職員工洩密，並保護本企業的營業機密。因此員工在進入企業時，就要簽訂競業禁止條款，以約定員工離職後，不得到其他經營類似業務的公司服務。

　　(一)法律規定：競業禁止條款涉及民法第71條、第73條；保護營業秘密的刑法第317條和營業秘密法。刑法第317條，無故洩漏者處一年以下有期徒刑、拘役或罰金。另外，營業秘密法，規範被侵害的民事賠償責任。

　　(二)案例分享：2002年5月，大霸電子公司及廣達電腦公司等十餘位無線通訊研發人員，集體轉赴上市的鴻海精密公司任職。這主要是由於全球無線通訊市場急遽成長，因而使得國內無線通訊的研發人才，供不應求。此時，大霸電子公司因先前已與員工簽訂有競業禁止條款，於是寄發存證信函給離職員工，以競業禁止條款來嚇阻離職員工，以免洩漏公司的營業秘密。

二、增強員工的專業能力

　　員工專業能力增強，消費者忠誠度必增加，自己也會以身為企業的一員感到光榮，或為他的企業團隊完成任務而感到驕傲，這就是在職訓練無可替代的功能。

　　(一)訓練種類：訓練分兩種，第一種主要的對象是新進人員，或是換部門工作人員的職前訓練；第二種主要針對中階專技人員的在職訓練。

　　(二)職前訓練的重點：應著重在公司整體營運的精神、個人分工應注意的部分、目前市場最新的發展、應努力的目標以及各種可能發生的危機狀況。職前訓練可依照公司規模大小與訓練經費，選擇採取企業內部自行訓練，或委外訓練的方式進行。

　　(三)企業員工再教育：內部訓練可以採小組訓練、咖啡時間、視訊會議、內部發行刊物、電子績效之系統等，來達成目標。當然若能由公司第一線接觸顧客的市場負責人員，或資深優良員工，或部門主管來擔任，亦有其實際效果。

　　外部訓練則可由外聘講師，或派外訓練等兩種方式完成，但對於外部訓練的課程及成果，都應有所評鑑，以作為後續是否繼續任用的參考標準。

案例 永光化學「品格第一」訓練系統

　　上市公司永光化學於1997年導入「品格第一」的訓練系統，使員工藉由研習品格，進而培養好品格。具體做法：
　　1.永光制定一份「落實品格第一實施辦法」，作為內部推動的依據。
　　2.主辦品格教育講座與品格研習營。
　　3.進行品格表揚。(1)月會表揚：表揚員工品格具體事蹟，建立同仁相互學習的典範。(2)壽星表揚：表揚當月壽星同仁最顯著的品格。(3)即時表揚：表揚因特定事件而展現的好品格事蹟。

競業禁止條款

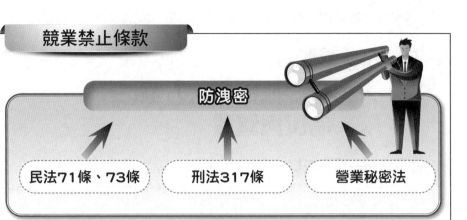

防洩密

民法71條、73條　　刑法317條　　營業秘密法

訓練種類

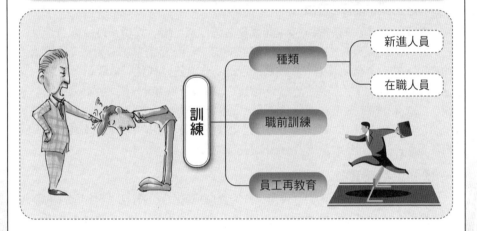

訓練
- 種類
  - 新進人員
  - 在職人員
- 職前訓練
- 員工再教育

職前訓練的重點

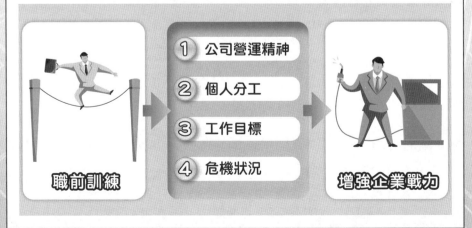

職前訓練

1. 公司營運精神
2. 個人分工
3. 工作目標
4. 危機狀況

增強企業戰力

Unit **5-9**
人力資源危機解決方案(三)
──制度與體質

圖解企業危機管理

一、建構永續經營的組織文化

　　企業文化是企業成敗的關鍵，其內涵包括了企業的價值、信仰、習慣、儀式及習俗的綜合體。它能塑造員工，同一行為的模式。美國學者傅高義(Vogel)也指出，日本文化中所強調的「團體精神」、「忠誠意識」，是企業成功的關鍵因素。

　　以台積電為例，該公司就希望將公司塑造成一個社群，而不要只把公司當作職場。

二、實施企業內證照制度

　　為防範人才流失的危機，企業可實施證照訓練制度，以提升每位員工能力。其做法可使每位新進人員，都受過一定時數的職前訓練，而且訓練必須有高於原職務兩階的訓練。如此不但使員工有更前瞻的視野，也能隨時補位，以避免勞倫斯‧彼得(Laurence J. Peter)的「彼得原理」效應出現。爾後員工每升一級，都必須通過一定的強制性訓練課程時數，並經測驗通過後，方可晉升。此一有系統性的教育訓練制度，不僅可增強該員工職位的能力，更可協助企業突然發生空缺的危機，如遭受「911」恐怖攻擊事件，或同業大量挖角所造成的企業危機。

三、增強企業體質

　　企業危機一旦爆發，則人心惶惶，沒有責任及使命感的幹部，可能就立刻離開個人工作職位。故此，從危機處理的角度而論，企業在招募人才時，除注重其專業才華之外，委身於企業的榮譽心與使命感，應該也是作為考量人選的重點之一。同時，企業內的再教育並給予員工願景，以及新進人員的契約規範上，可以就這方面補強。

四、降低員工心理障礙

　　少數員工可能適應不良，或最近工作業務壓力加大，而出現反常現象。為避免此情形擴散，若能事先發現，提前處理則較佳。例如：找出壓力知覺較高的員工，針對這些員工的身心症狀，諸如社交困難、焦慮、缺乏面對問題的技巧、欠缺社會支持網絡等，特別是針對高危險群，進行先期的預防輔導，加強壓力紓解、情緒管理及溝通。

案例 圓神出版

　　面對職場環境的巨大壓力，員工壓力與日俱增。圓神出版機構從2013年3月起，實施週休三日，成為全臺灣第一個上班四天的企業，這對於員工士氣、組織文化、企業體質，以及降低員工心理壓力，都有很大的功效！

人力資源危機解決方案

★與員工溝通
★儘早發覺危機
★重視安全

★吸引人力
★慎選員工
★制度變革

建構
組織文化

降低員工
心理障礙

解決人力
資源危機

企業內
證照制度

★簽訂競業
禁止條款
★增強員工
專業能力

增強
企業體質

員工心理4大障礙

社交困難

焦慮

員工
心理障礙

缺乏面對問題的技巧

欠缺社會支持網絡

Unit **5-10**
人力資源危機解決方案(四)
——溝通與安全

圖解企業危機管理

一、重視與員工溝通

　　溝通是企業上下一心的關鍵，作法可因地制宜、因時制宜。常進行的方式有：分批和員工餐敘、解答員工疑問、接納員工意見、激發員工的價值、灌輸員工企業的核心精神、強調公司願景。

二、儘早發覺危機警訊

　　對於任何人力資源危機的徵兆，都要以系統性的思考，找出管理的盲點來加以克服。例如：企業內具市場競爭力的人才，若要離職，必然有跡可循。譬如：

　　(一) 服務不佳、措辭混亂。　　　　(二) 孤獨、避免與人交往。

　　(三) 工作錯誤增多。　　　　　　　(四) 怠工。

　　(五) 常遲到早退。　　　　　　　　(六) 無故缺勤。

　　(七) 處事變得消極。　　　　　　　(八) 破壞企業和諧的言詞舉動等。

　　若及早發覺危機警訊，則可用動之以情的道德勸說，或提高誘因，或設身處地為其解決困難等著手。如果真的無法挽回，也可提早因應。

三、重視安全

　　在文化背景諸多不同的情況下，身處海外的國際企業主要幹部，常有遇害的事件發生，所以對於安全更應多加謹慎、留意。其方法有：

　　(一) 多蒐集政府和相關海外投資安全的資訊。

　　(二) 樹立良好形象，避免負面行為，例如：避免引起當地人反感、避免在公共場合高談闊論，或顯示一擲千金的財大氣粗氣勢，而引人覬覦、招來橫禍。

　　(三) 選擇居住地點：小型廠商的宿舍，由於防禦力薄弱，企業核心決策人員(如老闆及高級幹部)，最好選擇有嚴格管理的公寓租屋而住。

　　(四) 為免去工廠發薪日引來的覬覦，不妨直接由銀行轉帳，以防不測。

　　(五) 若有特殊顧慮，則應請保全公司協助。

案例分享

　　2013年根據104人力銀行針對求職者進行調查發現，員工離職最常見的10項徵兆，包含上人力銀行找工作(55.7%)、打包自己的用品回家(49.8%)、工作熱情降低(43.5%)、開始交辦事情(40.2%)、查詢其他企業資訊(39.3%)、請假增加(31.8%)、言語訊息(30.5%)、處事變愉快(25.9%)、秘密接電話(23.8%)及不加班(23.4%)。

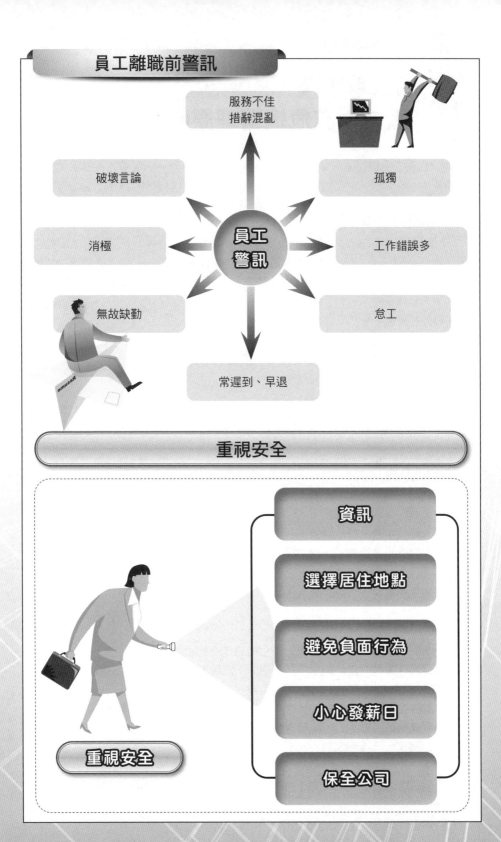

Unit 5-11
造成財務危機管理原因

企業因財務危機而陷入經營困境,甚至宣告破產新聞,一直屢見不鮮。在臺灣新設的企業中,有七成在5年內結束營業,而且多半歸因於財務調度失靈或資金不足。

一、企業財務危機原因

資金運用不當(如超額借貸、透支、過度信用擴張)、錯誤的競爭戰略、市場惡性競爭、誤判市場行情、高度財務槓桿運用、外來掠奪性傾銷、產品定位錯誤、產品導致消費者嚴重傷害、主力產品不具市場競爭力、滯銷、市場區隔錯誤、經營失敗、水災、火災、地震……。

(一)外在原因
1.商業循環、經濟蕭條之影響。
2.國家財經政策的改變(匯率),限制經營發展的條件。
3.市場需求結構變化,企業無法適應。
4.同業間惡性競爭,企業無法生存。
5.消費者運動抵制瑕疵產品,改變企業經營環境。
6.自然災害或意外事故發生,如地震、水災、旱災。
7.技術革新,企業無能力勝任,遭到淘汰。

(二)內在原因
1.初創時即有缺點或不經濟:創辦費用過鉅,可用資金不多。
2.股款虛浮,資金不足。
3.資本結構不當,負債過鉅。
4.經營內容及範圍判斷錯誤。
5.資產投資不當,設備陳舊,生產方法落伍。
6.廠址選擇錯誤,資源調配不佳。

二、財務危機結果

未能即時扭轉財務危機的因子,將可能造成五種結果:

(一)經濟性失敗:這是指公司在長期間不能賺取合理投資報酬,甚而發生虧損。2013年戴爾電腦下市,主要就是經濟性失敗。

(二)財務性失敗:公司不克償付到期債務本息,公司即處在財務周轉不靈。

(三)財務周轉困難:公司流動資產雖然超過流動負債,但因流動資產中之存貨及應收帳款周轉率過低或因其他因素,而使流動資產周轉緩慢,使公司無充裕資金償付應付債款。

(四)償還能力薄弱:公司資產總額雖然超過負債總額,但流動資產卻不足抵償其流動負債。

(五)無償債能力:公司資產總額不足抵償其負債總額。

114

造成財務危機原因

資金運用不當

天災

競爭戰略有誤

產品定位錯誤

財務危機原因

市場惡性競爭

掠奪式傾銷

誤判市場行情

高財務槓桿

財務危機結果

經濟性失敗

無償債能力

財務性失敗

財務危機結果

償還能力薄弱

財務周轉困難

Unit 5-12
預防財務危機(一)

企業財務危機的預防之道,舉出10種預防的方法,以供參考:

一、建立企業財務預警系統

確認影響財務營運的核心關鍵,建立企業財務預警系統。例如:量販店以現金周轉為主,就應該切實建立現金核算制度,掌握現金收付期間的差異,選擇有獲利性的財務運作,賺取財務利潤;以內銷賒售為主的企業,則應加強企業徵信制度,以免應收帳款無法回收,造成企業財務損失;以外銷國際市場為主的企業,則應注意外匯匯率變化走向,並採取規避匯率變動所可能產生危機的措施。

二、設定財務衡量指標

透過對多種財務比率的分析,掌握企業現有的償債能力,從而對財務危機因子有所了解。

三、避免市場趨勢誤判

企業為有效加強財務設計,應該對經營或融資環境,進行商情預測,以提升估算市場機會與獲利能力,正確編製資本預算與產銷計畫,強化成本控制與分析,達到工作計畫與預算估計的準確可靠度。

企業掌握市場趨勢四步驟:1.了解促成危機背後的因素:究竟是來自於顧客、科技、資金、競爭者、政府法規……。2.找出線索:透過網路、雜誌閱讀、參與國際商展、不同職業群體的活動,以拓展視野,增加市場判斷能力。3.市場調查:企業不能用自己主觀的「觀點」,來規劃產品與服務流程,要能掌握市場全局,如此才能找出潛在市場價值,主動服務消費者。4.建構公司監理(corporate governance)的機制,以防止企業主或大股東違法失職。

四、建立銀行溝通機制

在平時就應維護企業的票信與債信,向銀行申請貸款時,最好不要將額度全部用完,保留三分額度,以備緊急周轉之用。另外,平時也要與銀行建立溝通聯繫的機制,好讓銀行了解企業發展的情形、營運狀況、未來計畫、市場動態、公司的技術研發、財務資訊透明等。選擇主力銀行交易,而且應該以國內銀行為主。因為外商銀行雖然效率高,但抽銀根時,動作過快,對於危急中的企業,無疑是一種傷害。

五、避免過度依賴少數客戶

企業若只依賴一個或少數幾個顧客,是很危險的事情。萬一這個顧客沒了,企業的生存就會受到威脅。所以企業應設法拓展顧客基礎,並建立穩固的關係,讓他們沒有理由離開。

預防財務危機方法

1 建立財務危機預警

2 設定財務衡量指標

3 避免市場趨勢誤判

4 建立銀行溝通機制

5 避免過度依賴少數客戶

掌握趨勢

了解因素 → 找出線索 → 市場調查 → 監理機制

Unit 5-13
預防財務危機(二)

六、客戶徵信

利潤是企業重要的資金來源,客戶如果跳票,就會成為拖累企業的危機因子。

(一)預防之道

可透過事先徵信,預收訂金,提供足額擔保品外,對於新客戶,在經濟景氣循環進入較差的波谷階段時,也可以先「買單」再出貨的方式。與新客戶進行某項交易時,應先充分調查信譽,嚴格控制信賴保護原則,以降低可能的企業危機。

(二)9種檢查客戶的方法

1.經理(或相關負責人)經常不在,其他人也不知去向;2.員工調出(入)頻繁,員工無士氣;3.員工平均年齡過高;4.要求延長貸款結算週期;5.客戶紛紛離去;6.事故增多(瑕疵品、退貨);7.無貨(客戶停止供貨);8.有倒閉的傳聞;9.業內口碑不佳。

七、正確管理存貨及支出

存貨會積壓資金,此乃企業經營的命脈,不能疏忽。此外,企業支出必須儘量低於所得的利潤。

八、有效資金規劃

企業的資源有限,故應該未雨綢繆,控管營運資金,規劃短、中、長期的資金運用。此外,要有效管理企業現金流量,因為現金流量之於企業,就像氧氣之於人的重要。每一年有幾千家企業倒閉,在倒閉當天,帳面仍有獲利,但就是未能有效規劃資金,造成沒有足夠現金流通支應。

九、成立「危機處理基金」

危機爆發時急需資金來解決危機,尤其是財務危機更是如此。如何緊急調集資金補齊缺口、紓解財務壓力,實為當務之急。為解決危機爆發所需要的資金,企業可以更進一步將每一年的盈餘,提撥3%到5%,成立「危機處理基金」。此基金只有在危機爆發後,經危機處理的「專案小組」核可才能動用。這筆基金選擇存在與本企業有長期往來的主力銀行,重點不在更多的利潤,而在穩定的孳息,以及屆時能爭取更多的額度,以備不時之需。

十、強化企業生存能力

提高附加價值、增強電子商務能力、提高智慧財產權的維護、增強企業組織的總體學習力、滿足客戶需求的能力。

9種檢查客戶的方法

1. 客戶經理人常不在
2. 員工調度頻繁
3. 員工年齡太大
4. 延長貸款
5. 客戶的客戶紛紛離去
6. 事故增多(如退貨)
7. 客戶停止出貨
8. 有倒閉傳聞
9. 口碑不佳

預防財務危機方法(續)

客戶徵信 ➜ 存貨、支出管理 ➜ 有效資金規劃

強化企業生存能力 ⬅ 成立「危機處理基金」 ⬅

案例分享

　　1998年底及1999年初，我國本土企業大規模爆發財務危機，發生公司財務危機者，計有：順大裕、台芳、聯成、普大、大穎、新燕、達永興、金緯、中精機、大鋼、友力、名佳利、峰安、新泰伸銅、國產汽車、亞瑟科技、廣宇、中強、國揚建設、長億、宏福、皇普、仁翔、尖美、櫻花建設、中企、臺灣櫻花、東隆、優美等。為什麼企業財務危機，竟會如此集中？除了亞洲金融風暴的外環境壓力，以及本身運用高度財務槓桿之外，被其他合作企業的財務危機所拖累，更是造成危機的直接原因。

第 **6** 章

企業危機預防(二)

● 章節體系架構

Unit 6-1
危機管理的應變計畫

　　企業可以根據結構的相似性，組合公司各類可能發生的危機，找出最致命的企業危機，然後針對這些危機，提出具體可行方案。

一、應變計畫

　　危機事件的處理，本身就有一定程度的困難，所以事前需要完整的危機管理計畫。所謂「多一分準備，少一分損失」，其目的主要在於指引企業，針對各種可能發生的潛在危機，擬定具體可行的步驟、準則與處理方向，爭取在第一時間內，以最低成本解決。

二、應變計畫內涵

　　在草擬應變方案、溝通程序及責任劃分時，應避免模稜兩可、語意含糊。

　　(一)Ian I. Mitroff及Christine M. Pearson，兩位學者共同提出一項危機管理計畫(含程序)，其著重在以下四點：

　　1.導致危機產生的連鎖鏈結。

　　2.建構早期預警系統及避免或抑制危機發生的機制。

　　3.找出可能產生危害企業的各種危機因素。

　　4.可能影響危機或被危機影響的各方。

　　(二)Michael Bland：提出危機計畫應注意的要項：

　　1.找出本企業可能會出現哪些危機。

　　2.這些危機會牽涉到哪些重要關係人。

　　3.完成「企業危機手冊」。

　　4.與這些企業重要關係人進行聯繫。

　　5.適時給予外界合適的訊息。

　　6.建構危機溝通小組。

　　7.提出危機期間，可能需要的資源與設施。

　　8.提出可能爆發危機所需的專業相關訓練，並循序漸進地完成。

　　9.與企業重要關係人，建立溝通管道。

　　(三)Nudell, Mayer及Norman Antokol：提出危機管理應注意的8項重點：

　　1.考慮危機管理的各種細節。

　　2.確認危險與機會。

　　3.危機回應的控制與界定。

　　4.管理企業經營環境。

　　5.控制危害。

　　6.成功解決。

　　7.回復常態。

　　8.避免重蹈覆轍。

Ian I. Mitroff

找危機連鎖鏈連結	建預警系統、管理機制

找危機因子	被危機影響的各方

Michael Bland

① 找可能爆發危機

② 危機關係人

③ 完成「企業危機手冊」

④ 維繫危機關係人

⑤ 訊息

⑥ 溝通小組

⑦ 資源

⑧ 專業訓練

⑨ 溝通管道

Unit **6-2**
應變計畫實際內容(一)

企業應注意，卻未注意危機因子的變化，無論是內在或外在，都可能爆發企業危機。最好的危機管理，就是設立危機管理計畫，儘量避免危機發生。即使發生，也能迅速處理。以下是危機管理計畫的實際內容：

一、目錄封面(cover page)：計畫的有效性，會因外在環境而過時，所以要清楚註明日期，好讓後續者或使用者，知道此危機管理計畫的有效性。如果日期過久、環境有變，各種主導危機處理策略的假設、前提，以及認可想法的正確性，就可能不同。因此在封面上，要明確註明日期。

二、指導原則(guiding principle)：給負責處理主要危機事件的人員時，指示要明確！危機處理必先確立全程指導構想，以掌握主動的具體作為。通常這些指導原則，涵蓋四方面：(一)速度原則；(二)彈性原則；(三)集中原則；(四)絕對攻勢原則。

三、確定危機處理團隊(crisis management team)：危機發生後，最忌諱群龍無首，如此可能使危機迅速擴散，甚至無法收拾。危機處理團隊是危機處理的靈魂，故應確定並設定，動用企業資源的相關法規及配套措施。

四、設立危機指揮中心(crisis control center)
(一)指揮中心必要性：危機指揮中心是危機時段，企業行動的主宰，團結企業員工的核心，左右危機發展的主要力量。所以應該以具有強烈責任感，與旺盛企圖心的企業菁英擔任。
(二)「預備隊」：危機詭譎多變，有時會拖延很長的時間。既有的處理成員，可能精神體力消耗殆盡。若能建構危機處理的預備隊成員，則能隨時勢的變動，而能立即調兵遣將、有所因應。
(三)危機指揮中心在設立時，應有四方面的考量：1.便於指揮掌握，並適應狀況的推移；2.對上、下及政府相關主管單位容易聯絡；3.隱蔽安全；4.已建構良好通信設施。

五、危機諮詢名單：萬一危機有變，不是原先預定的狀況，而是過於複雜，此時，能徵求誰的意見？所以哪些是公司可靠智庫(think tank)，可以發揮危機諮詢的功能，提供適切建言，幫助決策者做好危機處理工作的名單，應先完成。

六、排定演練計畫時程(rehearsal dates)：從演練中可以知道計畫不足之處，同時又能強化團隊整體戰力，與細節常易疏忽之處，因此企業應根據當時內外結構的變化，來排定演練時程。但最少每半年要定期舉行一次，會後並檢討此排練，有無需要改進之處。

七、成員簽署(acknowledgements)：成員簽署表示組織成員，對於這份危機處理計畫的內容了解，另一方面也代表具有執行該項計畫的責任與義務。

危機管理計畫

計畫7　成員簽署

排定演練

計畫6

計畫5　危機諮詢名單

LIST

設立危機指揮中心

計畫4

計畫3　確定處理團隊

指導原則

計畫2

計畫1　目錄封面

Unit 6-3
應變計畫實際內容(二)

八、後勤補給(logistics)：沒有充分的後勤補給與設施，第一線處理人員難有較佳的表現。後勤牽涉較龐雜，諸如危機控制中心地點安全與否、需要有幾條對外聯絡的電話專線、傳真專線、電腦、發電機組，以及危機控制中心的補給事宜(如食物、飲水)，都涵蓋在內。

九、計畫演練(operation)：紙上談兵畢竟與實際有一段差距，故需藉由定期排練，找出計畫中的盲點加以改進，以降低於壓力下失敗的可能機率、增快反應能力。

十、確定危機發言人(spokesman)：危機溝通成敗與否，關鍵在於是否能在第一時間進行溝通，具有密切關係。所以有效的危機管理計畫，應該涵蓋危機溝通方案與企業危機發言人，以及候補的兩至三位發言人。

十一、主要聯絡媒體清單：媒體是左右社會輿論的重要工具，既可協助企業恢復聲譽，但也可能毀了企業。因此，有哪些媒體具有舉足輕重的民意影響力，這些皆應列入主要聯絡媒體清單。

十二、主要聯絡的政府單位與官員：消極的目的，在於化解不必要的誤會，降低衝突。積極的目的，則在於爭取外界的信心與支援。尤其政府單位較具有公信力，若能取得奧援，則必然有助於危機的解除。

十三、事先規定應蒐集的資料：目的在於爭取時間，取得資訊，以作為決策依據之用。如果事先規定得愈清楚，就愈有助於時間的爭取。

十四、建立持久力：危機爆發之後，究竟多久能解決，事前很難預知。如果預備的能量，低於危機爆發所須處理的能量，這樣的危機預防與處理計畫是不及格的。建立持久力，旨在爭取時間、建構企業力量，以利危機解決的決策依據，為處理危機創造有利條件。

十五、危機辭典(crisis dictionary)：對於生硬的專業術語，應該轉換成淺顯的文字說明，以免誤解並可減少溝通障礙。這種現象尤其在科技產業較常出現，為避免溝通上的錯誤與誤會，相關專有名詞的說明，應該詳列。

案例分享

台塑與南亞的大火危機，顯示兩家公司應該都有SOP標準處理程序，但可能平時的演練不足，因此危機爆發時，荒腔走板，甚至與地方政府及民眾，發生重大衝突。

危機管理計畫(續)

危機辭典

計畫15

計畫14

持久力

蒐集資料

計畫13

計畫12

聯絡政府

媒體公關

計畫11

計畫10

確定危機發言人

計畫演練

計畫9

計畫8

後勤補給

Unit **6-4**
危機處理小組任務及遴選

應該成立危機管理的「專案小組」，將危機交給專業人員處理，其餘人員則仍堅守崗位，避免危機不必要的擴散。

一、「專案小組」的目的：「專案小組」的目的是，有效預防、快速反應。其主要手段是有系統的情資蒐集，和管理危機資訊，使企業危機防患於未然。最佳之道是危機未出現前，主動採取對策。

二、「專案小組」的任務：「專案小組」的任務涵蓋危機處理的目標(object)、危機偵測(detection)、危機的辨別(identification)、危機的估計(estimation)、危機的評價(evaluation)、危機的預防(prevention)、危機的解決(resolution)，及危機解決後的重建與再學習等工作。為了要有效率完成上述工作，就必須有明確的指揮體系，強有力的中央指揮，使事權統一，資訊情報完整。

三、Steven Fink：主張以危機管理「專案小組」為核心，然後再根據不同的危機需要，徵召不同的小組成員。技術危機要由技術人員處理；財務危機要由財務人員處理，因為財務危機與毒氣外洩的化學危機特質不同。一個永久性的危機處理中心，要由總經理或高級主管、財務經理、對內及對外發言人及法律室主任組成。數位化時代，應增補網路溝通專家。

四、遴選處理危機的「專案小組」成員：專案小組涉及企業內部極多的機密資料，因此在遴選時，專業能力與對企業忠誠度必須同時考量。此外，甄選危機管理小組成員時，也應透過壓力式面談(stress interview)，選擇最能抗拒危機壓力的成員。

五、「專案小組」的組織建構：企業危機處理小組是一支量少質精的團隊，主要的任務是有效預防、快速反應。由於企業危機所涉及的領域，及其所擴散到的領域，是需要多學科的科際合作與整合，才能有效解決，因此企業危機管理小組，應有跨學門的專家。

以長榮集團為例，長榮危機管理屬於一級單位，組織規模30人，組織架構分為保險管理部，主要負責海陸空保險業務事宜；風險控制部負責損害防阻、危機處理、理賠服務等業務。

實際上，各企業由於經費的多寡、行業種類、企業風格、董事會組成的方式不同，因此危機管理「專案小組」的編組，也出現不同的形式。有的公司是將它放在公關部門，有的是由法務部、總經理辦公室或總務部門來負責。也有的是由總務、人事、法務、營銷、開發、生產等部門各抽調一人，來組成危機管理的「專案小組」。當然也有的公司是在危機發生後，將若干部門精英或主管，予以適當調配編組，律定指揮處理危機的關係。但無論是哪一種編組方式，發言人一定要參與，才能了解危機處理的方式，並充分掌握對外發言的要點。

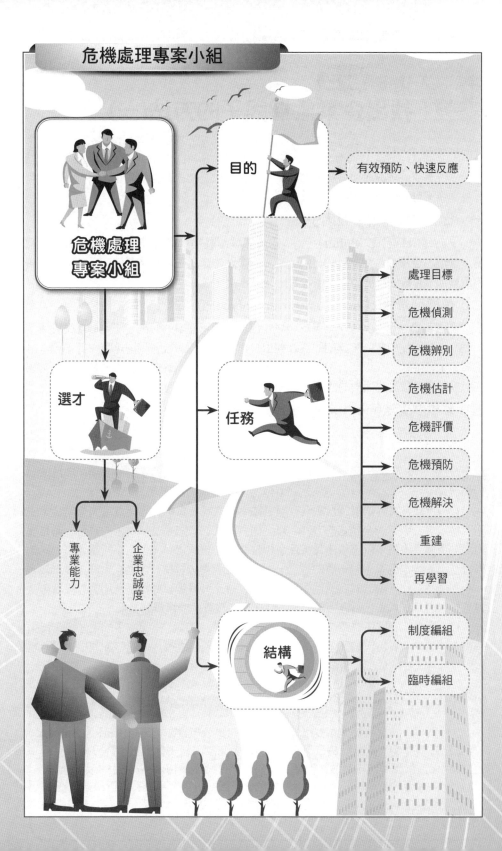

危機處理專案小組

危機處理專案小組

目的 → 有效預防、快速反應

選才
- 專業能力
- 企業忠誠度

任務
- 處理目標
- 危機偵測
- 危機辨別
- 危機估計
- 危機評價
- 危機預防
- 危機解決
- 重建
- 再學習

結構
- 制度編組
- 臨時編組

Unit **6-5**
找出企業危機因子的方法(一)

圖解企業危機管理

很多時候，企業其實不必走向滅亡，但是最後卻落入萬劫不復，原因就在於高階主管，沒有學會辨識企業危機的警訊，以及市場供需結構的總體變化，有九種方法可以找出企業可能出現危機的環節。

一、從「市場訊號」找因子

波特(Michael E. Porter)所謂「市場訊號」就是：能直接或間接顯示競爭者意圖、動機、目標或內在狀況的任何行動。危機除判斷是否為企業危機因子外，更要研判危機因子可能的發展方向，以及對企業傷害程度。

二、危機列舉法(crisis enumeration approach)

危機列舉法類似普查，乃是就企業各部門主管所面對的、或是將他們就經驗所預知的，各類可能的威脅，詳細的逐條列出。這種方法極適合各階層企業主管，因身為主管者，應該較他人更能針對整體作業，進行總體考量。有鑑於主管的職責，亦當預先考慮將來各種可能面對的危機。

三、草根調查法(root investigation method)

這個方法與前一種方法正好相反，它是針對組織基層，所做的企業危機調查，以探索企業各部門員工，對於公司當前所面臨的危機。可以預料的，大部分員工的意見，較易以本位主義出發，從自己工作崗位為立場，就當前所看到的各種局部危險，提出建言。

130

(一)實踐方式：草根調查法沒有固定標準方式或者表格，因此負責調查的企業主管，必須自行製作一套調查的方式，以全面有系統的方法來了解員工的意見。若是使用面談或問卷表格，就必須讓員工保有相當開放的想像空間，但又不能讓員工太過天馬行空，最後卻調查不出一致的意見。同時草根調查法忌諱只作調查，卻對員工沒有一些回饋與交代。對於具有熱忱與期盼的熱心員工，將是一種打擊。那麼以後若再次實施類似的草根調查，將會因員工的不合作，而沒有什麼實質的結果。

(二)優點：能抓住許多作業層面上的細部危險，實際上主管卻不一定知道，但由於員工經常身歷其境，較為了解。主管蒐集到這些資料之後，若能善加利用，必然可以解決許多潛在的危機。

案例　雷諾汽車

1999年，法國雷諾汽車買下日本第二大汽車公司日產，高恩(Carlos Ghosn)銜命出任營運長，負責解決日產負債220億美元的問題。他列出當時日產所有的危機，包括供應商成本飆漲、新產品發展停滯、金融機構緊縮銀根、公司瀕臨破產、股價持續下挫等問題。他成功化解危機，因此被《財星雜誌》標榜為「2002年亞洲風雲企業家」，時代華納、CNN列入「2001年全球二十五名最有影響力的高階經理人」名單榜首。

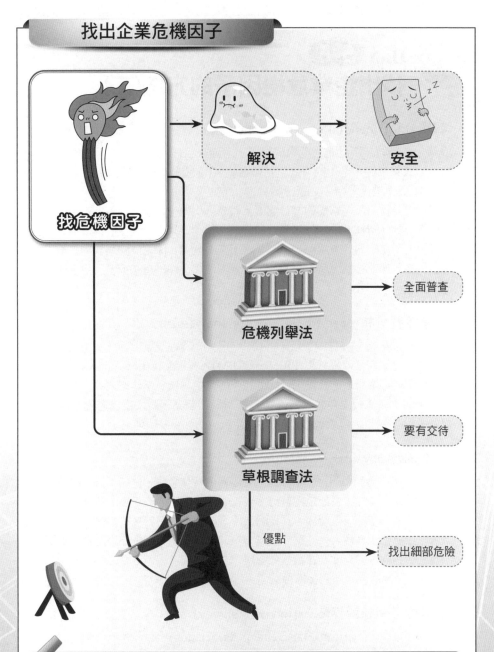

找出企業危機因子

找危機因子 → 解決 → 安全

危機列舉法 → 全面普查

草根調查法 → 要有交待

優點 → 找出細部危險

案例分享 行銷不足

　　臺灣手機大廠宏達電執行長周永明，於2013年接受《華爾街日報》專訪時強調：「我們的競爭對手太強大，且資源非常豐富，在行銷方面投入大量資金。我們在行銷上，做得不夠多。」周執行長的經驗是，遭遇危機，必須快速採取行動，並且要對市場變化做出反應。

Unit **6-6**
找出企業危機因子的方法(二)

四、報表分析(financial statement analysis)

企業是整體的，所以企業危機的根源，可能來自任何一個部門。這通常可以透過報表的方式來掌握，常用的方式包括財務報表(資產負債表、損益表、現金流程表等)、訂貨出貨與退貨單據、業績與獎金等，這些不僅可以挖掘出公司過去企業營運問題，更可以分析出公司當前的財務危機。報表分析即是針對這些表上數據，運用各種會計與統計的分析技術，藉以了解公司當前的獲利能力、流動性與清償能力等，並據此推算出公司未來的經營趨勢，與其伴隨而來的危機。除了財務報表的分析之外，還有經由組織內部或外部，所發表的技術報告與法律文件，這些或多或少都隱含著重要的危機訊息可供參考。

五、作業流程分析(operational process analysis)

作業流程的分析，在工業工程上的使用，十分普遍。類似工時分析(motion and time study)、企業作業流程分析(PERT or CPM)、流量分析(flow analysis)等，對於改善工廠作業與企業營運的效率，以降低意外的發生，皆有極佳的成效。在運用上，不論是工廠的生產流程、零售業的進出貨控制，甚至到美國太空總署登月計畫的實施，都曾用到這些技術，以管制計畫執行的步驟，防範意外或延誤。

六、實地勘驗(physical inspection)

實地勘驗屬於事前預防，先期掌握企業危機的各種徵兆。例如：許多的危險，尤其是產品設計的安全性，可能是由於自然災害的侵蝕，而造成潛在的危機。例如：廠房、機械、建築、招牌、電纜線、瓦斯石油等管線，都會由於經年累月、日曬雨淋而毀損不堪使用。台塑六輕大火，就涉及這一類的危機。只有經由工程師現場實際的勘查，才能明白其危害的程度。企業危機管理也是一樣的道理，主管必須到第一線，才能爭取時間、了解狀況，並直接進行處理。

七、企業危機問卷調查(questionnaire survey)

美國管理學會(American Management Association)出版一套稱作資產的損失預估表(asset-exposure analysis)。這個表格包含兩個部分，第一部分為企業資產的調查清單，用以歸納企業有多少資產。第二部分為企業資產的損失預估，用來估計企業各類資產的損失風險。企業主管可以利用這個表格，快速而完整的評估有關資產方面的危機。當然企業也可以設計危機管理調查問卷(crisis-finding questionnaire for risk management)，進行系統性的調查，來發掘有關企業方面的危機，這些資料可以提供決策者，作為規避危機與轉嫁之用。

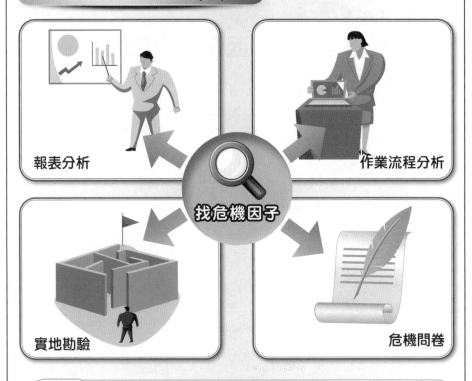

找出企業危機因子(續)

報表分析

作業流程分析

找危機因子

實地勘驗

危機問卷

知識
補充站

危機因子→趨勢中找出來。印刷媒體已轉向電子媒體,這種網路化的趨勢,取代了紙本。如電子書取代一般書籍。違反趨勢者,即使有91年悠久歷史的老牌雜誌《讀者文摘》,從2009年到2013年,4年內二度聲請破產保護。

數位相機取代底片,Kodachrome底片繼Instamatic傻瓜相機開發商伊斯曼柯達(Eastman Kodak Co.),也都相繼聲請破產。

缺德→成為企業危機的重要因子,譬如:金門牛肉乾其實並不是百分之百,用臺灣在地黃牛肉做的。「官方網站」卻強打「本土、在地」。2013年被媒體發現,恐怕有欺騙消費者的嫌疑。

實地勘驗→查出危機因子→2013年1月16日全日空波音787型客機,飛航途中,駕駛艙發出異味,因而緊急迫降日本高松機場的危機。日本國土交通省會同美國聯邦航空總署(FAA)共同調查,在已經燒成黑炭的電池盒內部發現,1月8日在美國波士頓的機場起火的787型客機,兩次危機事件,所用的電池組,都是同一家GS YUASA公司的鋰電池。

區域經濟整合→2012年3月15日美韓自由貿易協定〈Free Trade Agreement, FTA〉生效後,韓襪輸美關稅降至零,臺襪卻高達10%至19%。因此從美國來的訂單,一張張的消失。臺灣唯一的織襪聚落,數萬人的生計,都受到影響。

Unit 6-7
找出企業危機因子的方法(三)

八、損失分析(casualty-loss analysis)

損失分析法是一種屬於事後檢討,並從失敗的覆轍中學習,以尋求將來的改進。損失分析的真正目的,不是在統計企業損失,而是在清查事故發生的根本原因。這是屬於從過去錯誤經驗,或失敗的案例當中,學習如何防範未來類似事件的重演,或試著取得類似事件再次發生時的因應之道。

九、分析大環境(environmental analysis)

危機的考量,不僅侷限於危機的本身,而是必須觀察整個大環境的交互影響關係。在蘇軾的〈晁錯論〉中,指出:「天下之患,最不可為者,名為治平無事,而其實有不測之憂。坐觀其變而不為之所,則恐至於不可救。」蘇軾的〈晁錯論〉,最關鍵的就是要知道「變」,而且不能「坐觀其變」。

(一)分析哪些環境

1.企業組織內的環境(physical environment)。

2.社會環境(social environment)。

3.政治環境(political environment)。

4.立法與執法的環境(legal environment)。

5.經濟環境(economic environment)。

6.決策者認知的環境(cognitive environment)。

(二)分析變化主要的焦點:主要的焦點,應置於經濟環境。譬如:美國採量化寬鬆政策(QE3),引發國際熱錢流向全球金融市場,油價、大宗物資漲勢。經濟因素會影響到市場大小、市場的獲利能力,以及可運用的資源,所以先期對經濟環境的掃描極為重要。

(三)經濟指標:經濟環境著重在幾個主要指標,如國民生產毛額、經濟成長率、國民所得、景氣對策訊號、景氣動向指標、國際收支、工業生產指數、消費者信心指數等。

案例分享

　　2013年新聞指出,英國廣播公司(BBC)旗下1名女記者,因吃香蕉恐過敏致死,於是公司特地在總部貼出告示,禁止所有員工,在工作場所吃香蕉。禁止吃蕉的輿論,對於種蕉、收蕉、賣蕉的企業,都會產生危機!

　　市場有不測風雲,企業有旦夕禍福。企業唯有掌握「變」的方向,以及「變」背後的複雜性,才能轉危為安。若不能掌握外在或內在的變化,就不能防範,更無法「化危轉機」。掌握「變」,才能了解威脅是虛有或短暫的,企業才能採取後續行動。

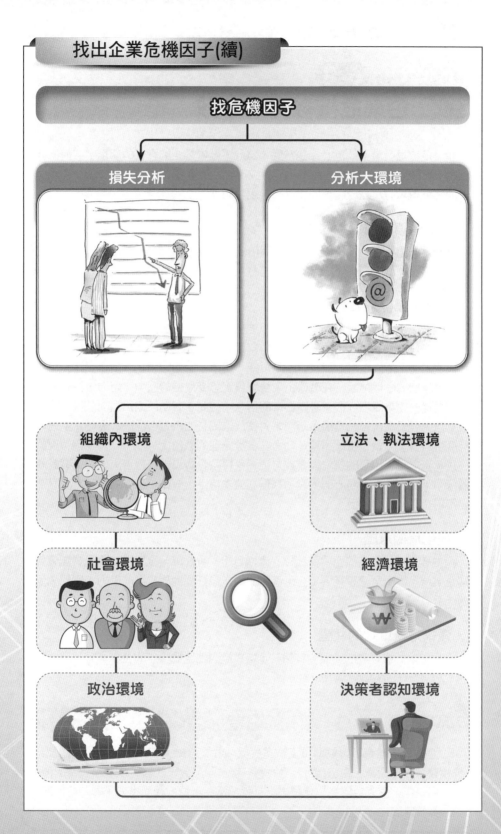

找出企業危機因子(續)

找危機因子

損失分析

分析大環境

組織內環境

立法、執法環境

社會環境

經濟環境

政治環境

決策者認知環境

Unit **6-8**
企業危機教育的功效

企業危機爆發時，臨危必亂是常態，臨危不亂才是企業真正的需求。如何能夠達到臨危不亂的目標呢？企業的危機「教育訓練」，是重要的途徑。

企業危機教育可達成企業四項目標，說明如下：

一、提高快速反制危機的能力

通常工業重大危機，第一線人為失誤(human error)占了主要的部分。企業透過危機教育的訓練，可提高快速反制危機的能力。

二、培育企業無形戰力

企業要重視心理層面的精神戰力，以充分發揮人的主觀能動性，以突破恐懼的極限。股王宏達電就是以基督信仰，鼓舞公司同仁要依靠上帝，有上帝的愛與支持作後盾，何懼之有？所以企業危機教育不是單純「技術」層面的強化，而是更進一步包括在危機處理前的心理建設。在戰略上要培養員工承受危機的壓力、耐力、持久力，更重要的是提升企業處理危機，必勝必成的信念。如此才有助於去除面對危機的膽怯，這股意志力就是支持員工及決策階層，對抗危機威脅的戰力。所謂「思想產生信仰，信仰產生力量」，就是這個道理。然而在實際處理的戰術上，要將公司危機管理的目標，以及企業可能出現的狀況與處理之道，反覆教育員工，在態度上則要戰戰兢兢、如履深淵，沒有絲毫的粗心與大意。在信心的支持下，有如履薄冰的謹慎，將有助於處變不驚企業文化的建構。

三、強化危機意識

危機管理的成敗，除企業決策核心應擔負起的責任外，全體員工也是責無旁貸。否則企業垮了，上至董事長，下至生產線的操作員都要面對失業的壓力。因此，危機預防，全體有責！

四、建構危機處理的共識

危機管理計畫實施的成敗，有賴於企業組織內部全體員工的合作。若共識的程度愈強，部門合作的意願就愈強。

案例分享

企業危機教育可以幫助員工辨識危機、解決危機，避免危機。「911」恐怖攻擊事件前兩天，白宮(或)五角大廈已接獲恐怖分子，即將以飛機攻擊的情報。但是第一線人員認為是無稽之談，就把電話掛掉，因而喪失了預防危機的第一寶貴時間。

提高反制能力

企業
危機教育

無形戰力

處理共識

危機意識

案例分享

　　2010年鴻海集團的富士康跳樓危機，公司茫然失措，不知何者才是正確的處理方式，這就是之前欠缺危機處理的共識。

Unit **6-9**
驗證企業危機管理計畫

一、驗證的重要性

　　危機處理需要從不斷演練中得到經驗，從人類心理學的角度來說，當企業危機爆發後，決策中樞將處在重大壓力之下，難免會產生無法忍受的焦慮及憂鬱，嚴重的甚至可能情緒失控。因此驗證、沙盤推演、演訓或模擬次數愈多，經驗愈豐富，技巧愈純熟，考慮面向愈周延。

二、驗證的內涵

　　企業可聘請心理學家及各種專業人員，根據企業所訂的計畫，為專案小組設計出，不同狀況的模擬訓練，以提高決策的正確性與成功機率。驗證企業危機處理計畫的方式有很多，例如：可以拿最近產業內，自己或其他企業曾經發生的危機作為借鑑，或針對企業領域內可能出現的問題，或以往曾出現過的危機事件，藉以驗證企業原有計畫的可行性，並從中汲取教訓，這些都是可以降低企業危機的方式。

三、驗證的功能

(一) 可增強危機處理的信心與處理經驗。

(二) 提高企業快速應變能力。

(三) 對全盤狀況的掌握與了解。

(四) 培養在混亂情況下，團隊互信、合作的默契，取得一致的目標，遵從一致的行動。

(五) 避免因過度分工，而對實際情形認知的割裂。

(六) 減少「初期對策判斷失誤」，增強危機處理瞬間的判斷力。

(七) 可以減低緊張焦躁的情緒，增加危機「專案小組」耐力、抵抗力。

(八) 找出危機處理計畫脆弱的環節，並加以修正。

四、驗證的結果

　　過去行之有效的危機管理戰略，也可能因結構性的變化，可能不再有效。例如：2011年泰國淹水危機，對當地日本投資生產的汽車零組件，以及我國企業投資的硬碟廠，還有企業的交貨期延遲，都是新型的企業危機。企業危機處理計畫是否仍然有效？哪些是無效的？就有必要深入以往危機處理的成功案例，掌握結構變化，並輔以企業內外客觀環境的變化，建立與實際相符的經營假設狀況，並根據危機處理計畫來解決，找出謬誤之處加以改正。如此經過反覆的模擬演練，才能增進危機決策的品質。

　　不是以驗證的次數多，才算大功告成，而是必須根據變化的環境、掌握危機的本質，提出成本更低、更為有效的處理戰略。

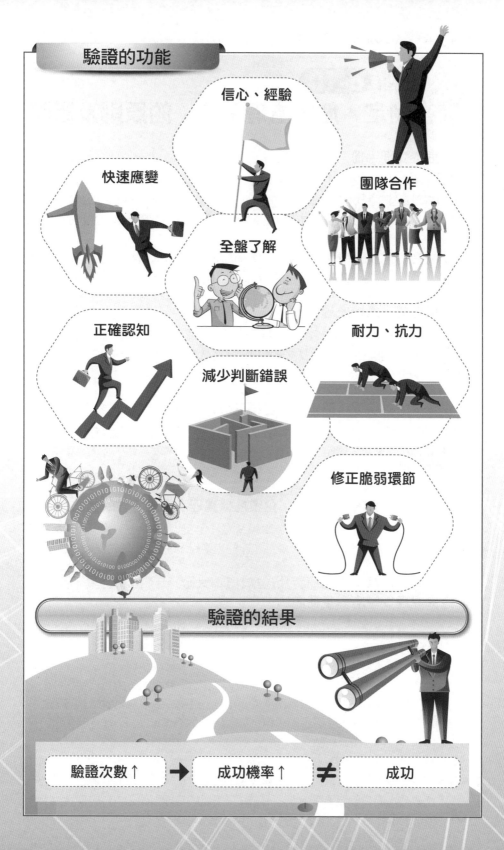

驗證的功能

信心、經驗

快速應變

團隊合作

全盤了解

正確認知

耐力、抗力

減少判斷錯誤

修正脆弱環節

驗證的結果

驗證次數↑ → 成功機率↑ ≠ 成功

139

Unit **6-10**
制定「危機處理手冊」的原則及重點

一、「危機處理手冊」的重要性

「危機處理手冊」就如古代的錦囊妙計，是危機中脫險與救命指南。

(一)處理指針：制定「危機處理手冊」，是在極困難情勢中的「判斷和行動」準則。透過「它」能執簡馭繁、井井有條，在千鈞一髮之間，判斷出優先處理的目標與緊急行動。

(二)對第一線處理人員的重要性：危機爆發時，第一線人員身心處在極限的狀態下，理性思考早已失靈，這時只能靠平日制定的手冊，按部就班的執行。

二、如何完成「危機處理手冊」

企業危機各種狀況的模擬訓練，與後續的研討，以及平時企業內部單位意見的交流，所激盪出多元化的危機思考及處理模式，這些智慧經驗的結晶，可以編成企業危機應變處理手冊。

三、企業「危機處理手冊」內容必須遵守的原則

目標簡單、責任明確、有效的標準作業程序，及危機發生時的優先作業順序表。最好能輔以例證及彩色相關圖片，切忌過多生硬的理論或專業術語，反而易使第一線員工，望之卻步。

四、根據美國學者的研究經驗，企業危機處理手冊應包含的重點

簡介企業危機處理的程序、如何聯繫相關的人員、訊息的傳遞、企業可用的相關資源、大眾傳播媒體的應對、服務或產品生產的主要程序、有效的聯絡方式。

五、日本的危機處理經營研究所(位於日本大阪)為了指導企業，而製作危機處理災害應變手冊範本

該應變手冊的重點有：(一)保護企業與人身安全；(二)人身安全以公司高級幹部、員工及其家人和公司外相關人員為對象；(三)製作與調整整體計畫和部門計畫。在這三個大原則下，必須將下列七點納入考量：(一)災害應變手冊必須公布，而且經常重新評估；(二)與地方政府商定相互支援體制；(三)事先決定總公司運作機能陷入癱瘓的替代場所；(四)同業間的生產融通協定；(五)讓員工都了解緊急聯絡網，並按時重估聯絡網；(六)有關災害發生時，停工的程序與權限賦予；(七)進行員工教育，加強員工自律、自發性防衛行動。

我國台灣應用材料公司，建置了「危機處理手冊」。該手冊定義公司可能遭遇的企業危機類型，各項危機處理流程、步驟及緊急聯絡人員。該公司的每個員工，皆可以在網上下載公司的「危機處理手冊」。公司內部風險管理部門，也會定期調整「危機處理手冊」的內容。

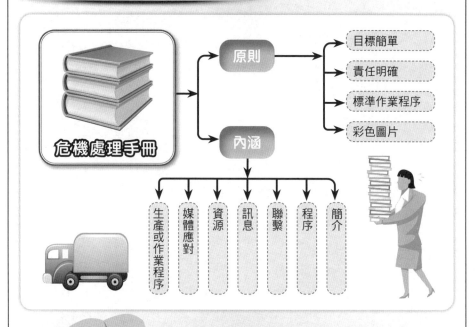

危機處理手冊

危機處理手冊

原則
- 目標簡單
- 責任明確
- 標準作業程序
- 彩色圖片

內涵
- 生產或作業程序
- 媒體應對
- 資源
- 訊息
- 聯繫
- 程序
- 簡介

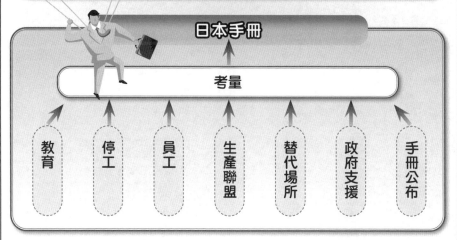

日本危機處理應變手冊

日本手冊

考量

- 教育
- 停工
- 員工
- 生產聯盟
- 替代場所
- 政府支援
- 手冊公布

案例分享

　　美國聯合航空公司(United Airlines)在其手冊中，指出一旦發生墜機，機場人員必須立刻帶著一桶白漆，趕在攝影人員出現之前，衝到出事地點，把航空公司的名稱塗掉。

第 7 章
企業危機處理

章節體系架構 ▼

Unit **7-1**
危機處理困難的原因

　　把危機管理看得太過於簡單，而忽視了危機對企業的傷害，以及化解危機的困難，這對企業是有害的！美國危機處理大師Kreit指出，處理危機困難的原因，主要在於以下六點：

一、企業內的利益團體掣肘

　　企業發生危機時，通常會傾全力將組織資源用於危機解決，這樣就會產生資源重分配的情形，如此極易引發既得利益者的反彈。

　　企業除考量應付外在危機，還要考量公司內部不同利益團體的利益，如此就可能扭曲危機處理的目標與執行戰略，而更加速企業的崩解。因為能夠解決危機的選項，如果與公司內的利益團體之利益相牴觸，就只有被放棄的命運。

二、部分事務難以掌握

　　由於危機爆發後，資訊的不足，造成企業決策及執行階層，無法迅速處理。例如：2009～2010年鴻海在大陸富士康集團的跳樓危機，當時公司並不知道為什麼跳樓，竟然以為風水不好，找來五台山高僧到工廠做法會消災。結果愈跳愈多，愈跳愈嚴重！台塑六輕的連續大火，對於大火原因，高層卻說：「撒無(臺語——就是找不到原因的意思)。」

三、風險與不確定性

　　在危疑震撼的危機情境下，每個決策都包含潛在的不確定性，以及導致預期結果失敗的可能性。因此，管理者可能避開高危險的決策，即使這項決策屬於理性決策的範疇。

四、較難評估長期影響

　　通常對於短期或臨時的決策，必須以長期目標為準。例如：決定企業目標後，才能訂立計畫，然後再根據這些計畫進行投資。但是危機爆發時，在時間急迫的狀況下，就很難完全遵循此標準。換句話說，為了短期目標的危機需要，就有可能違反長期的戰略目標。

五、跨領域合作的問題

　　在危機中，大部分決策需要跨領域的合作，因為危機所牽涉到的層面，可能要有財務、生產、行銷、法律等方面的通力合作。由於危機所造成的大範圍牽涉，自然會消耗較多的時間，這是危機決策的客觀限制。

六、價值判斷的問題

　　危機決策可能與以往企業內部所共有的價值，發生某種程度的衝突。如此將制約決策階層，對於處理危機策略的採行，結果可能不利於企業的生存與發展。

危機處理困難原因

危機處理困難原因

1. 利益團體掣肘
2. 部分事務難掌握
3. 風險與不確定性
4. 較難評估長期效果
5. 跨領域合作
6. 價值判斷

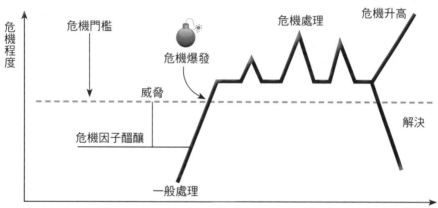

危機程度

危機門檻

危機爆發

威脅

危機因子醞釀

危機處理

危機升高

解決

一般處理

時間

145

 案例一

　　2012年12月日本車廠豐田汽車(Toyota Motor Corp.)，同意為其車輛意外加速的瑕疵，支出高達14億美元，作為美國索賠訴訟的和解金。

 案例二

　　臺日韓多家面板廠，在2001年10月到2006年2月期間，每月舉行會議，涉及美國反壟斷法。2010年奇美電被處2.2億美元罰金。美國罰完之後，歐盟也開罰6.48億歐元，中國3.53億元人民幣。此外，從華映前董事長林鎮弘，到奇美電前總經理何昭陽，已有8位面板廠經理人在美坐牢。可見危機爆發後，有多麼嚴重的殺傷力！

Unit **7-2**
影響危機處理的因素

　　危機處理是在危機爆發之後，企業被迫的緊急處理，此時是一種知識、能力和勇氣的考驗。企業危機的發生，常與缺乏危機意識與危機管理計畫有關，這種習而不察的漸進危機，一旦危機爆發，將極難處理。

一、解決危機困窘之處

　　處理危機困難之處，常給企業措手不及、資訊不足、壓力極大、破壞力極強、可反應的時間極短、危機處理的選項極有限等制約。

二、時間壓力

　　危機期間資訊扭曲最為嚴重者，是時間壓力的效果。

　　它會產生7項負面效果：

　　(一) 降低危機處理的能力。

　　(二) 負面資訊重要性增加。

　　(三) 防禦性反應，因而產生忽略或否認某項危機處理的重要資訊。

　　(四) 支持既定被抉擇的選項。

　　(五) 不斷尋找資訊，直至時間耗盡。

　　(六) 降低對重要資料的分析評估能力。

　　(七) 錯誤的判斷與評估。

三、影響危機處理者的關鍵

　　(一)刻板印象；(二)月暈效果；(三)個人心理投射；(四)過多的資訊，形成資訊超載；(五)第一線人員在溝通時，輸入過多模糊字眼，而無法精確掌握實質的意義；(六)輸入訊息差異化過大，導致事實的清晰性與可信度出現問題；(七)企業決策者已有先入為主的觀念，而使得資訊輸入者，不願輸入違背接受者(通常是權力擁有者)認知的資訊，而這一部分被疏漏的情報，很可能攸關整體危機處理的成敗。

四、過往經驗重要性

　　就危機處理史而論，危機爆發之際，正是最需要危機解決的答案，可是卻又沒有立即可靠的答案，給予決策者。這就是為什麼決策者在危機情境中，易於依賴以往相關的經驗與直覺，來進行危機的推理判斷。無論過去的經驗是什麼，這些都會凝聚成危機的認知，主導整個危機的管理方式。

　　小型企業通常是依賴企業家個人的危機處理；中型企業則是靠企業組織；大型企業通常是依賴企業組織文化。中小企業因資本額較低，在人力、財力、物力等資源也有限，故在處理危機時，有其先天上的困難！所以拯救美國汽車產業界的英雄李·艾科卡，提出領導者的「9C」原則時，其中，他認為最重要的是危機處理。

時間壓力

降低處理能力

負面資訊

防禦性反應

支持既定選項

找資訊至時間
耗盡

降低資訊分析
評估能力

誤判

147

影響危機處理者的關鍵

① 刻板印象　　④ 資訊超載　　⑦ 先入為主觀念

② 月暈效果　　⑤ 資訊模糊

③ 個人心理投射　⑥ 資訊差異化

知識補充站

「9C」
好奇心(curiosity)；創意(creativity)；溝通力
(communicate)；品格(character)；勇氣(courage)；
信念(conviction)；領袖魅力(charisma)；能力
(competence)；常識(common sense)。此外，最重要
的C是危機處理(crisis)。

Unit **7-3** 危機爆發對經營者影響

企業危機一旦爆發，並非表示毫無轉圜的餘地，特別是危機的「機」字，就代表著機會的存在。但只要任何的決策錯誤，隨時都有可能喪失解決危機有利契機，結果可能陷企業於倒閉等不測的深淵中，那就更遑論墨守成規或採取鴕鳥政策。

危機剛爆發的階段，威脅到企業的生存，決策者若無迅速處理，將會波及其他領域。可是此時的處理，相較於危機預防時期來說，更為困難。

一、處理危機困難之處

危機爆發時，常給人措手不及、資訊不足、壓力極大、破壞力極強、可反應的時間極短、危機處理的選項極有限等制約。其中最大的制約是，來自於外在的危機與內在的心理，交織而成的壓力與衝擊。這種衝擊大致可分為兩階段：

(一)第一階段：發生於危機衝擊當時和之後不久，在情緒上會出現重鬱(major depression)的壓力現象，而有麻木、恐懼、驚嚇、悲傷等強烈症狀，更嚴重者甚至出現自殺等念頭。在行為上的主要特徵是，會急於保護遭受危機威脅的生命與財產。

(二)第二階段：在危機發生一星期到數月不等，在身體上常出現的症狀是，胃口改變、消化困難、頭痛、失眠、惡夢、心神不寧、呼吸困難，甚至嚴重影響到心理免疫力；此外在情緒上的特殊徵兆是，易怒、懷疑、急躁等，有時會出現冷漠、憂鬱或自責愧疚等情緒。受危機波及者的行為反應，特別會顯示對未來具有強烈的焦慮感，而產生從家人或朋友當中退縮，或強烈想要與他人分享危險經驗的感受。

二、有限理性(bounded rationality)

在危機所產生的重大壓力下，判斷常易出錯。其中涉及到處理的人，是有限理性(bounded rationality)。有限理性是赫伯特‧賽蒙(Herbert Simon)綜合生理學及心理學，所提出的觀點。他強調在現實狀況中，人們所獲得的資訊、知識與能力，都是有限的，所能夠考慮的方案也是有限的，由於人不是上帝，無法全知全能，所以在決策上，總有風險性的存在！

危機不是自然就變成「轉機」，而是要凝聚智慧，以及有效迅速的行動，才能化危機為轉機。如果是錯誤的認知、資訊處理的不當、團體迷失、過度龐大複雜的壓力、組織瓶頸的困惑、標準作業欠缺彈性等，都可能使決策(下最後決定)有誤。

 案例　富士康

2010年5月富士康龍華廠區發生第10名員工跳樓後，當時委託富士康代工的蘋果、惠普、戴爾等企業紛紛關注，蘋果聲明成立獨立調查小組，調查工廠管理運作，而且「血汗工廠」的罵名湧現，郭董的壓力極大。當2010年第11位跳樓事件發生時，早上7點45分郭台銘在松山機場，於飛往富士康前。記者訪問郭董時，他說：「……唉(嘆氣)，我這……一個多月，沒有怎麼睡好覺。」

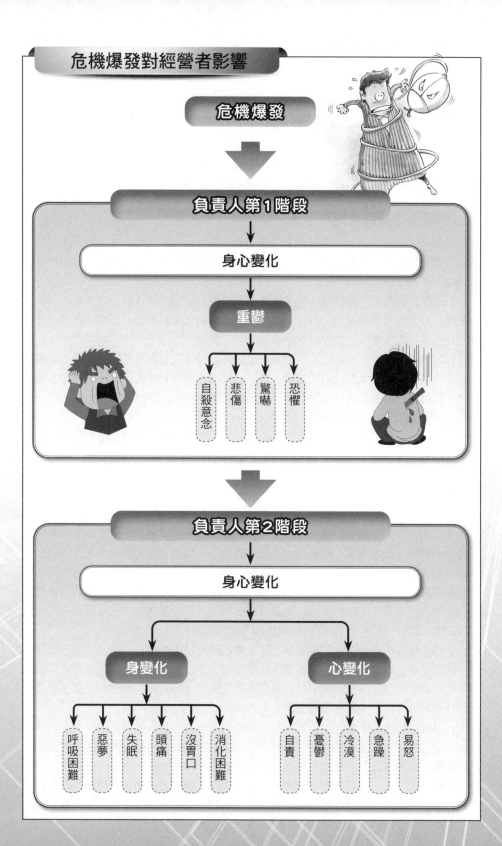

Unit **7-4**
企業危機處理(一)

在企業危機爆發後，仍然有機會扭轉乾坤、反敗為勝！那麼在具體行動上，應該有什麼樣的程序呢？它的具體實踐程序，可歸納為下列10項：

一、專案小組全權處理

危機決策最怕根本就沒有設立危機處理的小組，或會議太慢召開，或部門互推責任，導致危機在各單位間打轉，而使危機不斷升高，並向其他領域擴散，最後使危害持續擴大。企業成立專案小組時，應注意下列三件事：

(一)指揮體系： 企業建構危機處理的指揮體系必須明確，才能上令下達，群策群力，朝一致方向來共同奮鬥，解決危機。反之，企業如果指揮體系不明，權責不清，則可能形成組織內衝突，彼此相互抵消力量。

(二)設定目標： 企業在設定危機處理目標時，一定要有實質的雙向溝通，以避免太容易達成的目標、太難達成的目標，及不合經濟原則等目標的狀況出現。但無論設定哪一種目標，都應該將目標與期望，讓組織成員了解，以利執行。

(三)預備隊： 企業危機管理小組，應該要有預備隊，否則在24小時全天候備戰的情況下，一旦危機延滯，其中有人因長期壓力，而無法執行任務時，將對危機處理產生嚴重困擾。

二、蒐集危機資訊

關於危機相關資訊的蒐集，特別是關鍵性的客觀數據，除重視來源的可信度，也必須正確的詮釋、評估、運用，這是擬定危機對策及對外溝通所不可或缺的步驟。經驗和直覺對於危機處理者，雖有其一定程度的作用，但是以往的經驗，是否適用於此次的危機，這是值得商榷的。如果沒有客觀的統計數據，即使是危機處理專家們，對於危機爆發前的徵兆，也可能會有所爭議。所以客觀的統計數據，對於危機嚴重程度及之後的危機處理，有絕對正面的助益。針對所搜尋的各類議題，尤其是潛在的危機因素，要不斷的分析和評估，各種爆發的可能性及威脅性。

(一)注意基本資料來源的精確度： 若企業危機最前線的負責人無法研判，就要迅速將狀況反應至專案小組，再由專案小組就全局狀況統合分析，如此則更能掌握資料的可信度與有效性。企業如果根據錯誤資料做決策時，其正確性機率幾乎微乎其微。因此在資料輸入前，必須確認其正確性。

(二)資料的篩選機制： 企業若缺乏有效的資料過濾機制，當資料流量過於龐雜，又沒有周全的決策支援系統，就可能出現「分析癱瘓」(analysis paralysis)的現象。分析癱瘓主要的症狀是，對於危機應該做出的決定，卻無法即時下達決定。這主要是因為考慮變數過多，臨危而亂。實際上，當「專案小組」對於內外環境即內部組織的資料經過研判之後，可能篩選出的危機資訊，有時常多達七、八十項，此時就有必要借助危機決策系統，來協助小組的工作。

専案小組全權處理

指揮體系

専案小組

預備隊

設定目標

資料分析癱瘓

臨危而亂

資料龐雜

勿斷亦斷

缺決策支援系統

Unit **7-5**
企業危機處理(二)

圖解企業危機管理

三、診斷危機

　　危機資料的來源，可能來自不同領域的片段，所以應該要在統合之後，迅速進行診斷。

　　(一)診斷重點
　　1.辨識危機根源。
　　2.危機威脅的程度。
　　3.危機擴散的範圍。
　　4.危機變遷的方向。

　　(二)危機幻覺(crisis hallucination)：「危機幻覺」的產生，常是由於人的主觀因素(經驗、情緒、年齡和性別等)，以及外在刺激的干擾，使得資訊受到曲解。這種幻覺會造成輕估、低估、高估等誤判的現象，這種幻覺可能使危機升高，也可能浪費處理危機的重要資源，甚至延誤危機的處理。

　　(三)連鎖擴散：企業危機連鎖擴散，一個危機會引爆另一個危機。因此診斷時，不能只注意第一個危機，還必須掌握另一個危機擴散的方向。企業危機向外擴散，形成同質性擴散與非同質性擴散兩種。
　　1.同質性擴散：若危機仍在企業領域之內，則屬於同質性擴散。例如：盛香珍的產品(蒟蒻果凍)，造成美國消費者傷害，而被美國高等法院判處高額的賠償金額時，若此危機引爆該公司的財務危機，這是屬於同質性擴散。
　　2.異質性擴散：若是危機向非企業領域擴散，則屬於異質性擴散。以SARS危機為例，提供醫療服務的和平醫院，當危機未妥善處理，而變成泛政治化之後，脫離企業的範疇，此時就屬於異質性擴散階段。

四、確認決策方案

　　企業危機處理的總指揮官，應發揮團隊最高統合戰力，抓住危機中的任何機會，從可行方案中，選擇最適合達成目標的方案，這是本階段最重要的任務。若能根據危機預防期，所擬定各種解決危機的行動方案，從中擇一，宣布下達實施，此乃最理想的狀態。儘管方案雖然未必是毫無缺點，但它可能是實現決策目標方案中，成功機率最高的。

　　在方案提出與確認的階段，最重要的就是要有清楚具體的目標，因為目標是決策的方向，沒有目標，決策就會失去方向，缺乏效益衡量的標準。清晰明確的處理目標，才能使處理人員有所依據。但無論是哪一種，都應該將目標與期望讓組織成員了解，以利執行。

診斷危機

危機根源

威脅程度

危機診斷

擴散範圍

危機變遷方向

危機幻覺

性別

經驗

危機幻覺

情緒

年齡

企業危機連鎖擴散

危機擴散 → 同質 → 危機影響在企業內

 → 異質 → 危機影響在企業外

Unit **7-6**
企業危機處理(三)

五、執行處理策略

研究美國當年古巴飛彈危機的學者艾立森指出，「在達成美國政府目標的過程中，方案確定的功能，只占10％，而其餘90％則依賴有效的執行。」領導人須緊盯每個策略的執行過程，並不停的觀察、權衡輕重。企業策略執行若有誤，會更加深處理危機，與危機擴散之間的時間落差。當危機處理的速度，慢於危機擴散的速度，有可能危機尚未解決，又併發另一個新的危機。再加上資訊不足及時間壓力，更易使危機複雜難解。企業為化解此危機，唯有針對危機根源，採行正確的指導方針與處理策略，才能提高絕處逢生的機率。若能採危機預防措施，在危機尚未擴散到達的領域，先設立防火牆，如此更能增加危機處理的效益。

六、處理危機重點

面對不同類型的危機，就有不同的執行重點。在千頭萬緒中，雖說要面面俱到，但總有關鍵之點，絕對不能疏漏。這就是處理重點的所在。

七、尋求外來支援

危機超越企業自己的應變能力時，應該要尋找外來支援的對象。但如果找錯了，結果更嚴重！2021年底「阿羅哈」客運，因財務壓力而公告只營運到12月13日，但因有「公路總局」的外來支援，而出現鼓舞人心的大逆轉。但不知是政府支援不夠，或Omicron的疫情過於嚴重，而使「阿羅哈」客運仍決定在2022年2月19日起，全面停駛。

八、指揮與溝通系統

企業危機決策之後，為保證每位執行者，都了解危機處理中所扮演的任務與內容，就有賴指揮與通訊系統的建構。因缺乏危機溝通而造成的錯誤，往往極為嚴重。

九、提升無形戰力

企業危機有賴人的處理，而人又受到情緒的制約，要如何解除情緒的困擾，增強人的積極性，能有「雖千萬人，吾往也」的無形戰力，實為危機時刻最需要的戰力。危機管理的分析，基本上都是客觀的數據，很少將危機時刻的士氣納入通盤的考量，其實主觀不屈不撓的意志與奮鬥力，常是凝聚企業向心力，對抗危機的利器。此外，就成本代價而言：士氣高昂的處理團隊，相較於士氣低落的團隊，更能以最少的代價，完成所交付的使命。

十、危機後的檢討與恢復

企業在遭遇危機重擊之後，除了必須檢討危機發生的根源，以免再度發生之外，更應迅速恢復既定的功能或轉型。

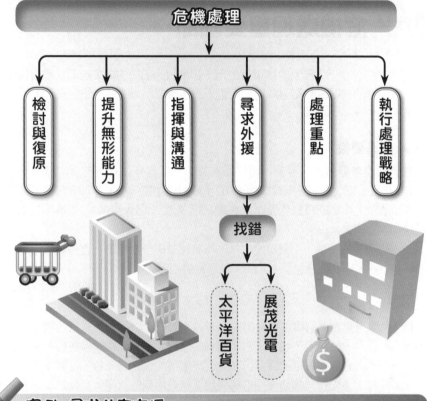

危機處理

危機處理
- 檢討與復原
- 提升無形能力
- 指揮與溝通
- 尋求外援
- 處理重點
- 執行處理戰略

尋求外援 → 找錯 → 太平洋百貨 / 展茂光電

✏️ 案例 尋求外來支援

　　彩色濾光片大廠展茂光電，爆發財務危機之後，曾尋求外來支援。但因找錯對象，資金不但沒有到位，還以臨時動議的方式，解除原董事長余宗澤的職務。這位外來者進而對已爆發財務危機的公司，調高自己月薪為200萬元，挪用公款購買富豪轎車使用，最後公司真的弄到破產倒閉！太平洋百貨公司，不也是危機爆發時，找錯了外來支援對象。

知識
補充站

處理危機重點

例如：網路謠言危機與產品安全危機，所處理的著重點不同，公司行銷危機與財務危機又有區別。

　　企業危機處理的重點，應置於病源及外顯症狀，但在考量處理方式時，則應以全局綜合判斷。為什麼危機爆發時，危機處理的考量是全局性的思考，而非枝節，因為枝節容易掛一漏萬，無法周全。

Unit **7-7**
危機處理重要細節

古今中外,有多少浩大的計畫與工程,都是因為細節的缺失,而功敗垂成!所以企業危機處理的成敗,戰略方向正確與否,固然重要,但在執行上,細節的「慎行」也極為重要!

一、細節重要性

往往那些看似簡單、容易、瑣碎的事情,一旦沒有注意,就可能爆發大危機!2011年5月富士康負責蘋果平板電腦iPad2生產的成都廠,拋光車間收塵風管,因可燃粉塵累積過量,作業廠房意外爆炸,並造成3人死亡,15人受傷,2人重傷。未注意粉塵細節,為公司帶來損失!

危機處理時的情緒,不只可能成為壓垮駱駝最後一根稻草,也可能是突然從天而降的一顆隕石。因此情緒控管就是,不能忽略的細節!

二、案例分享

(一)台塑集團大火危機:台塑集團向來給人管理嚴格印象,只是連續的大火,不僅燒出六輕管理上的問題,也燒出台塑集團的危機。這項危機關鍵在於,應注意的細節,沒注意!大火危機的細節關鍵,在於六輕慣用的逆止閥缺貨,沒有庫存。向海外購買又需時日,遂先行向其他部門借調使用。只是借調時相關人員疏忽了,非煉油廠使用的逆止閥,其中的墊片,只能耐180度高溫。若拿來用在高溫達320度的煉油廠使用,墊片很快就會被燒融,喪失控制「單向」的功能,油氣就會慢慢洩漏,遇到火花就會引爆。沒注意「小地方」,就可能會釀成災禍。

(二)王品牛排爆發重組肉危機後,在混沌未明的時刻,一級主管手機全關,直到9點30分確定危機處理流程,所有媒體和消費者可能問到的Q&A(問與答)內容也已同步出爐,「0800」客服專線也全部待命後,一級主管的手機才開,準備回應媒體蜂擁而至的問題。關機就是細節!

(三)開拓市場:豐田公司員工以學習英語為名,跑到一個美國家庭居住。奇怪的是,這位日本人除了學習以外,每天都要做筆記,將美國人居家生活的各種細節,包括吃什麼食物、看什麼電視節目等,全記錄下來。3個月後,日本人回去了。但沒多久,豐田公司就推出針對美國家庭需求,而設計的價廉物美的轎車。行銷到市場後,立即深獲美國消費者青睞,一舉突破美國市場的藩籬。

(四)零售業巨頭沃爾瑪,對於服務的細節極為重視。例如:對於職員的微笑,沃爾瑪規定,員工要對3公尺以內的顧客微笑,甚至還有個量化的標準:「請對顧客露出你的八顆牙」。為提高服務,沃爾瑪規定員工必認真回答顧客的提問,永遠不要說「不知道」。而且原則上哪怕再忙,都要放下手中的工作,親自帶領顧客來到他們要找的商品前面,而不是指個大致方向就了事。正是注重了這些小事、細節,才締造了強大的沃爾瑪帝國。

細節重要性

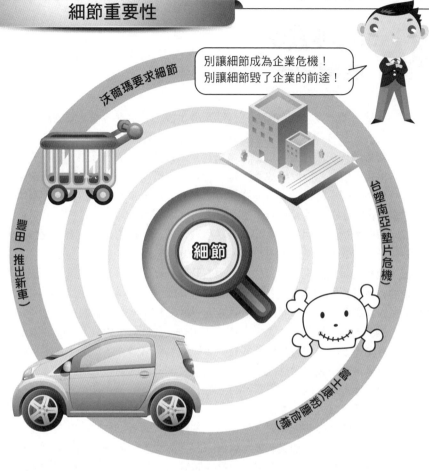

別讓細節成為企業危機！
別讓細節毀了企業的前途！

沃爾瑪要求細節

台塑南亞(墊片危機)

豐田(推出新車)

嬌生(毒膠囊危機)

細節

157

細節不可忽略

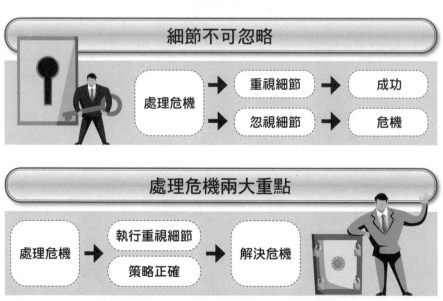

處理危機 → 重視細節 → 成功

處理危機 → 忽視細節 → 危機

處理危機兩大重點

處理危機 → 執行重視細節 / 策略正確 → 解決危機

Unit **7-8**
危機決策

解決危機必然涉及決策，因為任何問題發生後，必定有各種不同的解決方案，而解決危機的人，必須自各種不同方案中，決定最佳方案。

一、掌握危機決策性質：危機決策屬於「運籌帷幄、決勝千里」的學問，是決策學問中的重要一環。由於危機決策不是只有一次決策，而是多次決策，在決策與決策之間，有強烈的因果關係，因此需要對所牽涉到的決策領域，全盤思考、謹慎思量，然後才能在企業存亡的重大關頭，做出正確的抉擇。

二、了解危機決策目標：主要在於從事理性而有系統的分析，讓危機在發生時，能以最科學、最準確、最迅速的方式，達到損失最小的目的。

三、危機決策五原則：危機決策不但有時間的壓力，更有其決策的困難度，來考驗決策者的智慧與解決危機的技術。所以成功的危機領導人，應遵守5項原則：充分授權、重視危機處理人才的培育、靈活應災、重視效率、勇於溝通。

四、強有力的危機領導：領導者如何讓組織，在危機中轉危為安，並續增利益的能力。領導者除了其必須有高度危機意識，與敏銳觀察力外，還必須在平日跟員工溝通，找出組織盲點。美國哈佛大學商學院教授唐納薩爾認為，危機領導人的價值，就在於判斷力以及將資源投入在最關鍵的議題上。

五、經驗不一定是決策幫助：企業危機決策是處理危機的心臟，企業主多賴經驗與直覺判斷，來處理這類的狀況。然而以往的經驗，適合以往的主客觀環境，但現在的主客觀環境有沒有變？如果有變，就會有誤判與錯誤的解釋。實質上，經驗只能提供資料(學習的素材)，不能提供解決危機的知識，唯有了解資料背後的意涵，方能將它轉化為解決危機的知識。

六、網路決策：網際網路時代的危機決策，與傳統危機決策最大不同點，就在於危機傳播的速度。以往很慢才會知道企業出了什麼事，現在剎那間全國、甚至全球都知道了！因此危機處理的反應時間，變成極重要的關鍵。故此，危機決策會議，必須議而有決，決而速行。

七、決策支援系統(decision support system)：危機處理與危機擴散之間，存在著一段時間的落差(time lag)。此時為爭取時間，可運用決策支援系統協助決策，諸如作業研究、電腦模擬等計量分析、專家系統(expert system)等，都可輔助決策者，找出最佳的解決方案。

八、重點任務：危機爆發的重點，在於立即作出正確的決定，解決危機。責任歸咎問題，非本階段的重心，但這並非表示找出危機的罪魁禍首不重要，而是在處理階段，解決危機才是真正的當務之急。

九、危機決策最怕的情況：企業根本就沒有設立危機處理的「專案小組」，來負責解決危機；危機決策會議太慢召開，而使危機不斷向其他領域擴散；部門互推責任，導致危機在各單位間打轉，最後危機升高，危害持續擴大。

危機決策

危機決策

5.
掌握
重點任務

4. 藉決策支援系統

3. 網路運用

2. 領導
充分授權　人才培育
靈活應災　重視效率　勇於溝通

1. 目標
化危
避危

知識補充站

危機決策和危機管理的核心是領導者，領導者的價值觀、專業判斷和策略，基本上決定了危機處理的結果和走向。新聞指出味全旗下的松青超市，2013年1月上旬和中旬，先後裁掉數十人，而味全董事長魏應充對外強調的，「不管企業有沒有獲利，都應該為員工加薪」，這種公開的前後矛盾，就會造成企業形象危機以及信任危機。如此大事，新聞指出2013年味全相關主管表示，實際調動的員工是「個位數」，並非外傳的數十人，部分人事變動是企業營運的一環，有人離開，也會有新人進來。

如果真如新聞這樣指出，您認為這樣的決策與處理，會贏得消費者信任嗎？這樣的決策與處理，您可以了解味全領導者，是什麼樣的價值觀！

Unit **7-9**
腦力激盪法如何進行

一、危機決策方式

理性決策(rational decision)、有限理性(bounded rationality)以及直覺決策(intuition decision)等三類。直覺決策是由個人經驗和判斷,所累積而成的潛意識決策資料庫。

二、個人、集體決策優點

個人決策,責任明確、決策迅速,且能發揮人的主觀能動性。集體決策則能提供的資訊較完整;可行方案較多;危機決策的接受度較高;合法性較強;責任承擔較小。其中腦力激盪法(brainstorming),是集體決策常用的做法。

三、腦力激盪法(brainstorming)

一群人在很短的時間內,針對某項問題的解決,產生大量的點子。1941年美國大型廣告公司BBDO奧斯朋(Alex F. Osborn)首倡這種思考方式。他利用集體思考的方式,使思想互相激盪,因而產生創造性思考(creative thinking)的連鎖反應,以引導出創意的方案。

(一)參加人員:參加危機決策的人員,並沒有特殊的侷限,過多則不易討論,過少則怕創見不多。通常6~15人為理想範圍。由1人擔任整體會議的主持人,1~2人為祕書,負責記錄與相關服務工作。其餘的與會者,70%是企業領域的專家學者,另外30%則為各自差異性極大、且為不同領域的專業人士,因此,可以從其他領域,提供不同的思考途徑,以避免思考窄化。

(二)會議氣氛:保持會議自由思考的氣氛,有時因危機的壓迫與緊張氣氛,導致沉默、不言,或離題過遠時,主持人則須進行導引。譬如:要求與會者每個人,必須在卡片上寫出三個想法,並在3~5分鐘內完成。或是撥出時間「分組討論」均可,然後再由各組提出參考方案。

(三)意見陳述:針對事情或意見,採開放式的思考,使意見愈多愈好!所陳述的意見,不一定要墨守成規,更不要被理論、常識,甚至是習慣所束縛!有時雖然意見或方案不完整,也沒有關係,重點則在於創意與「點子」,好讓每位企業危機的參與者,皆能儘量表達各種意見。待各種意見發表完畢,再進行討論!如果意見與意見之間的數量愈多,就意味著愈有機會可以從中,找到最佳的創意解決方案!

(四)點子與創意結合:經過第三階段之後,主持人必須讓大家將前述不同方案,歸納為幾大類。此時重在「點子」與「點子」的結合,「創意」與「創意」的結合,最終達到解決企業危機的創意、可行的方案。

(五)絕不批評:此時期最重要的是「點子」,所以不要先想到技術層面的可行性問題。很多最成功的辦法,往往都來自當初看起來不甚合邏輯,略帶開玩笑,且像是不可能行得通的意念。所以對於他人的意見,絕不批評,這是腦力激盪的第一原則。

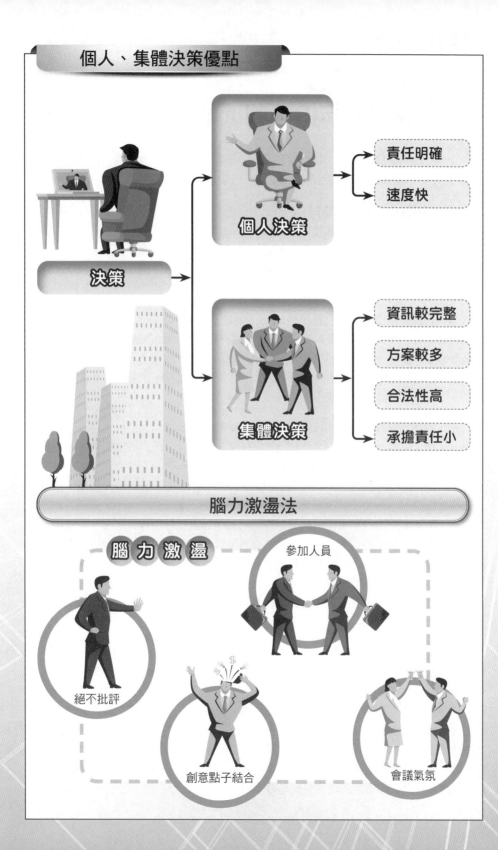

Unit **7-10**
德爾菲法(Delphi method)

企業危機常是盤根錯節、錯綜複雜，牽涉範圍甚廣，不易找出真正的癥結。德爾菲法(Delphi method)則能有效找出癥結，降低誤判、錯估等現象。

一、傳統面對面討論的缺點：(一)受外在壓力的影響，少數意見無法表達；(二)會議中少數強有力的意見，往往凌駕於多數人之上，造成意見扭曲；(三)會議中因個人表達能力與個性影響，意見傳達常無法周全；(四)為了個人面子與避免衝突，持少數意見者常勉強地贊成某些不很贊成的意見；(五)面對面的討論，容易形成言語上的衝突。

二、德爾菲法由來：德爾菲法是1948年蘭德公司(Rand Corporation)，針對要達到某個目標時，所須採取的重大措施，以及這些措施的實踐和完成的可能性，所發展出來的專家調查法。當初這種技術是，此研究方法起初用於國防政策之釐訂，繼而逐步為政府部門和工商業所採用，並擴展到教育、科技、運輸、開發研究、太空探測、住宅、預算和生活品質等領域。

三、德爾菲法具體實踐：(一)企業危機決策時，由於時間急迫，可將所有相關與會者，於指定時間在會議室集合；(二)針對研究主題設計一份開放式問卷，並交給與會學者專家(通常是對該問題或現象有深入研究之學者專家、工作者等，以下通稱為「專家」)。在一定時間填答問卷，並當場回收，祕書迅速將所得到的意見，加以整理成敘述型問卷，再交給同一組專家，讓專家在問卷上表達贊成與否的態度。(三)填寫過程，除了桌面上的參考資料、茶點與空白紙張外，專家與專家之間，在主持人的指導與要求下，都不能有所互動或提問。(四)第二回問卷收回後，進行統計分析，再將整體分析結果，及每個專家第二回問卷的個人意見，製成第三回問卷回饋給每位專家，讓每位專家充分了解其他人意見後，再對自己原始意見進行一次評估。專家可能堅持原意見，也可能改變主張。此法之特色，能使多數專家的意見，趨向集中，同時也允許有合理的分歧意見。

四、德爾菲法三大特徵：(一)匿名性：使諮詢委員能夠不在其他委員社會壓力下，自由的表示意見，同時，參與者在修改意見時，也無須團體的允許，可以隨時變更，換言之，此特性乃在摒除委員間，因社會地位的高低、身分的不同，所產生的影響。(二)反覆多次：藉由多次的書面問卷往返，及填答資料的提供，參與者可從中得知別人的觀點，因而能利用別人的看法啟發自己，或對原先意見作修正，使自己的看法更趨周全。(三)回饋：每一次問卷統計結果，都讓參與者獲知其他參與者的意見訊息，這些訊息通常是一些簡單的統計數字、中位數、眾數、四分位數等，藉由這些資訊的回饋，提供參與者再次填答時的參考。

傳統面對面討論的缺點

傳統討論缺點

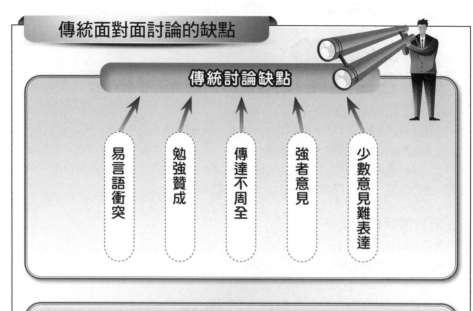

易言語衝突

勉強贊成

傳達不周全

強者意見

少數意見難表達

德爾菲法實踐

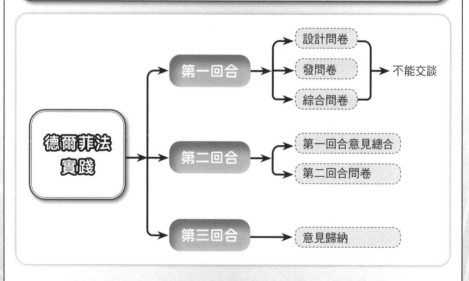

德爾菲法實踐

第一回合 → 設計問卷 / 發問卷 / 綜合問卷 → 不能交談

第二回合 → 第一回合意見總合 / 第二回合問卷

第三回合 → 意見歸納

德爾菲法三大特徵

匿名性　　　反覆多次　　　回饋(顧客)

Unit **7-11**
名目團體技術法、層級分析法

《孫子兵法》有云:「兵聞拙速,未聞巧之久也。」

企業危機若正式爆發,危機就急速地開始向外擴散。此時,決策中樞最忌議而不決,或討論些細瑣的事項,或遲遲不敢行動,這些都是危機爆發時的決策危險。危機處理回應的時間,應以小時計算,而非以天或周來計算。

一、名目團體技術法

名目團體技術法類似於德爾菲法,兩者主要的不同在於,德爾菲法是以問卷的方式進行,而名目團體技術法則以空白的紙張,讓企業專家學者,充分發表其專業意見。其他的過程與功能,完全一致!

名義團體技術法是指在決策過程中,讓團體成員充分獨立思考,彼此之間沒有交談,也禁止交談。使每個成員都能獨立地寫下對問題的看法,但結果卻有方案的分享。經過幾個回合,使差異化極大的方案,能夠大幅收斂歸納為兩、三種。然後,把各種想法排出次序,最後的決策是,綜合排序最高的想法。

二、層級分析法(analytic hierarchy process, AHP)

樂觀型的企業決策者,與悲觀型的高階經理人,在面對同樣的企業危機時,處理的方式,就可能會有南轅北轍的不同決定。層級分析法可避免樂觀或悲觀性格,所形成的缺失決策。

同時,該法考慮到人類思考上的限制,故先將複雜問題逐層分解,並透過量化之判斷,使決策者能條理分明地分析問題,以提供充分的資訊給決策者,來選擇最適當方案。由於企業危機常是複雜變數的組合,變數間又會互相的影響,其中涵蓋很多有形與無形的變數。為了避免人類無法同時考慮太多事物,層級分析法則將複雜的企業危機,先切割成不同的層級,因為透過切割分解之後,更容易掌握與分析關鍵所在。分析的效果,也會比未切割之前更好,這就有助於決策者,擬定更好的決策方案,以及避免做決策時,所可能發生的決策錯誤。有鑑於該理論的實用性強,因此可作為企業危機決策時,一種運用的工具。

層級分析法採用「分解」(decomposition)的原則,最上層為總目標,指的是企業危機處理,所期望達到的目標。總目標(A)之下,可分為三層,第一層是「決策標的」(object),第二層為「決策準則」(criteria),最下層為「選擇方案」(alternatives),形成一種層級化的結構。

層級分析法是將複雜的問題,交由專家學者評估相關變數之後,再以簡單層級的結構來表示。然後再以尺度評估,來做成變數的成對比較,並建立相關矩陣,然後求得特徵向量,再比較出層級要素的先後順序;之後再檢驗成對比較矩陣的一致性,看看有無錯誤,是否可以作為參考。決策者藉由層級分析法,將完成目標前可以選擇的每一動作,以較簡單的準則取代。

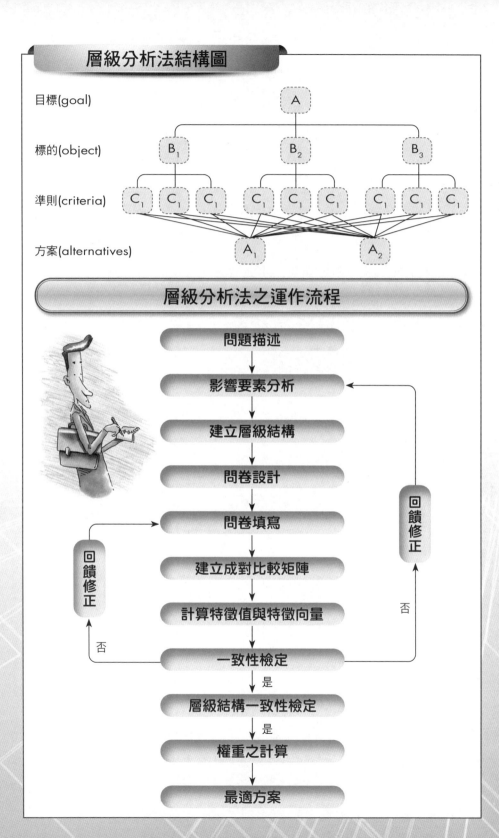

第 8 章

企業危機溝通

 章節體系架構 ▼

Unit **8-1**
危機溝通的重要性

企業遭逢危機時,其長期所建立的形象,可能會瞬間崩解。所以危機可能是轉機的開始,但也可能是崩潰的開始,而危機溝通正是這個樞紐點。

一、危機溝通意義:危機溝通指的是以溝通為手段,解決危機為目的,所進行一連串「化危」與「避危」的過程。

二、危機溝通重要性:危機溝通可以降低企業危機的衝擊,而且透過危機溝通,就有可能化危機為轉機。企業若是善加運用危機溝通,就可以凝聚企業向心力,提振員工精神士氣;危機爆發前,可了解危機、掌握危機、消弭危機;危機爆發後,動員內部解除危機;危機處理後,徹底解決危機所遺留的後遺症。反之,沒有適度的溝通,小危機就可能變成大危機,大危機就有可能導致企業一蹶不振。

案例分享

有鑑於宏達電在2012年營運績效欠佳,宏達電經營團隊高層——包括董事長王雪紅、執行長周永明、財務長張嘉臨與研發長陳文俊,在2012年12月底,對數千名員工發表激勵談話,希望提振士氣。

三、溝通對象:企業必須與多方之間進行溝通,否則很容易產生不同類型的危機。企業溝通的對象,大致涵蓋四大方面:(一)被危機所影響的群眾和組織;(二)影響公司營運的單位;(三)被捲入在危機裡的群眾或組織;(四)必須被告知的群眾和組織。Alan H. Anderson及David Kleiner等兩位英國著名的管理大師,具體提出企業危機的關係,包含工會、員工、股東、消費者、企業所在的社區、政府、供應商、交易商(dealer)、競爭者。

案例分享

(一)鴻禧企業:鴻禧企業因投資台鳳股票(2000年8月5日下市)錯誤,遭銀行抽銀根,同時大溪別館、高爾夫球場也遭到假扣押,企業形象受到嚴重的衝擊。該企業能夠東山再起的契機,根據董事長張秀政的專訪顯示,就在於透過危機溝通,使企業內部向心與團結。

(二)東隆五金:重整成功的東隆五金,根據該公司董事長陳伯昌對重整成功的緣由說明時表示,關鍵乃在於公司85%的股權,皆集中在法人手中,而這些股東及債權人,對重整公司的董事,充分信任。同時授權專業經理人整頓公司,復又得到員工、研發人員及范氏兄弟(原有的公司所有人)等高度的配合,這些都是要靠危機溝通的。

(三)金墩米公司:2012年金墩米公司發現稻米驗出農藥,緊急通知量販店賣場下架。然後事情的說詞,前後又不一,先說「白米是自行檢測、自做報告」,後來說「負責人員已離職,找不到原檢驗報告,儀器因為故障送修」,甚至連驗出哪種農藥都講不清。在這整件事中,金墩米公司說法一變再變,就是危機溝通錯誤的典範。

危機溝通的重要性

危機溝通的目的

化危機

避危機

企業危機關係人

① 工會
② 員工
③ 股東
④ 消費者
⑤ 社區

⑥ 政府
⑦ 供應商
⑧ 交易商
⑨ 競爭者

危機溝通案例

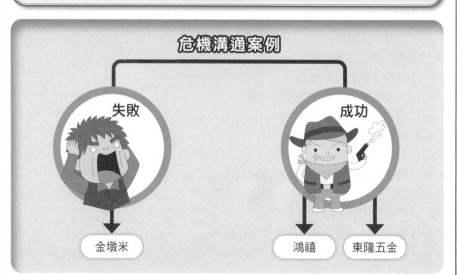

危機溝通案例

失敗

成功

金墩米

鴻禧　東隆五金

Unit **8-2**
企業危機溝通準備(一)

有效的危機溝通，是需要充分準備的。國際著名的學者對危機溝通，提出實際應準備的事項。

一、喬馬可尼：根據國際著名危機行銷的作者喬‧馬可尼(Joe Marconi)的研究指出，企業對於危機溝通，應有9方面的預備：

(一) 挑選一位發言人。

(二) 不要透支信用，要誠實有信用。

(三) 率先公開承認問題，並坦誠以對。

(四) 告知已經採取的危機處理措施。

(五) 預期最壞的情況，並事先做好計畫。

(六) 透過新聞稿及廣告來宣傳企業的立場，並開放發言人時間，供媒體發問。

(七) 有聲望的發言人固然好，但不能讓發言人光芒，蓋過所要傳達的訊息。

(八) 居安思危——隨時增加經營公司的信譽。

(九) 接受專業人士的建議(如網路專家、心理專家)。

二、墨菲(Herta A. Murphy)：華盛頓大學商學院教授墨菲，提出5項有效溝通的準備：

(一) 確認溝通的目的。

(二) 分析溝通的對象。

(三) 根據傳輸訊息類別、情境、文化，選擇溝通的主要精神。

(四) 蒐集資料來支持溝通的主要精神。

(五) 組織所要溝通的訊息。

三、拉賓格(Otto Lerbinger)：波士頓大學教授拉賓格在《危機管理》一書，提出10項危機溝通的重要步驟：

(一) 察明並面對危機事實。

(二) 危機管理小組應保持積極與警覺。

(三) 成立危機新聞中心。

(四) 找出事實真相。

(五) 對外口徑一致。

(六) 儘快召開記者會，並以公開、坦承的態度，準確地告訴媒體事實。

(七) 直接溝通：與政府官員、員工、消費者、利益關係人，以及其他相關人士直接進行溝通。

(八) 採取適當補救措施，使傷害降到最低。

(九) 忠實記錄危機日誌，作為評估危機處理的表現、團隊學習以及職務交接時使用。

(十) 形象彌補。

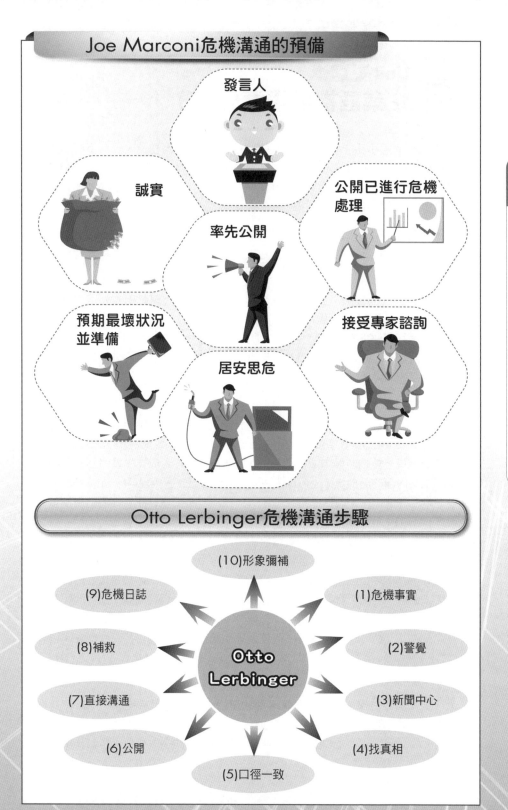

Joe Marconi危機溝通的預備

發言人

誠實

公開已進行危機處理

率先公開

預期最壞狀況並準備

居安思危

接受專家諮詢

Otto Lerbinger危機溝通步驟

Otto Lerbinger

(10)形象彌補

(9)危機日誌

(1)危機事實

(8)補救

(2)警覺

(7)直接溝通

(3)新聞中心

(6)公開

(4)找真相

(5)口徑一致

Unit **8-3**
企業危機溝通準備(二)

一、危機溝通小組：危機處理的專案小組，在危機爆發前，應負責擬定危機溝通計畫(crisis communication plan, CCP)。危機處理專案小組內，應設置危機溝通小組。危機溝通小組的主要成員，可由專案小組領導人、發言人、資訊來源的過濾者、安排記者會相關事宜者、祕書等組成。

二、危機溝通計畫：危機溝通計畫是整體危機管理計畫(crisis management plan, CMP)的一部分，計畫旨在針對可能發生的諸種危機，進行「化危」與「避危」的應變準備。

三、影響計畫的變數：公司的危機溝通計畫，受到公司哲學、公司文化、價值觀、態度、假設、規範等影響。但無論如何一定要切記，計畫的本身必須簡單扼要、易讀易懂！否則即使再精深博大的計畫，於危機的重大外在壓力與恐慌下，企業決策者也很難有時間去了解或思考，而且可能會浪費許多寶貴的時間在非關鍵的事務上，而失去危機溝通的先機。

四、選出發言人：危機溝通所有幕前及幕後的準備，其最後的決戰點，完全在於發言人。發言人乃企業形象之所繫，更是代表公司對外召開記者會說明的代表。發言人主要任務在於：(一)確實掌握媒體採訪的方向；(二)了解媒體記者討論的重心；(三)表明企業的立場，並適時發布最新消息；(四)讓企業發言人成為媒體追逐的目標，以免擾亂到企業內部的其他員工；(五)建立企業發布新聞的遊戲規則(例如：多久發布一次，發布地點在哪裡，使新聞記者安心不會「獨漏」某項重要訊息，而造成其工作上的危機。)；(六)化解形象危機：主動發布內容正確的新聞稿或提供資料，而且新聞稿或資料內容，最好超過這些記者所需填寫的版面，以避免資訊不足，造成記者必須以印象來自我「創造」，而發生不必要的錯誤。

媒體是典型的雙刃劍，揮舞得好，可以擊退危機的侵襲；揮舞得濫，則會傷害自身，或陷入危機。因此，發言人必須掌握媒體可能提出的相關問題，這些問題包括：(一)發生什麼危機？什麼原因造成的？(二)有多少人傷亡？(三)對財產與周遭環境，會造成多大的損害？(四)造成消費者、社會大眾何種程度的影響？(五)危機處理如何執行？(六)在法律、經濟等方面會對企業有什麼後果？(七)誰應負起責任？(八)還有哪些目擊者、專家、受害者可以接受訪問？

五、危機溝通目標：Michael de Kare-Silver提出，企業要能夠將危機轉變為轉機，不是只有僵化的處理步驟與程序，而是要在處理過程中，透過適當的溝通，讓社會大眾對於公司處理達到「感動」的層次，才能將犯錯的企業形象，扭轉為勇敢負責的企業。

危機溝通預防

危機溝通預防步驟

危機溝通預防

建立對內對外溝通管道

建立媒體關係

累積企業溝通資源

鎖住溝通對象目標

溝通方式與手段

建立發言人制度

執行危機溝通

溝通戰略檢討

溝通戰術檢討

減少非必要人員和媒體接觸

準備書面聲明

召開記者會

掌握危機溝通環節

具體行動戰略

公布採取措施以獲取外界信心

危機溝通缺失檢討

發言人任務

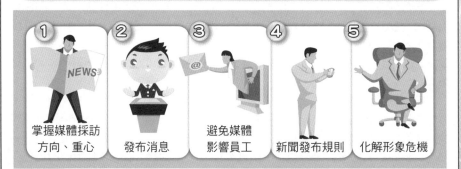

| ① 掌握媒體採訪方向、重心 | ② 發布消息 | ③ 避免媒體影響員工 | ④ 新聞發布規則 | ⑤ 化解形象危機 |

Unit **8-4**
危機傳播與溝通戰術

圖解企業危機管理

一、對內要溝通重要性：企業的危機溝通，不僅對外，更要對內。當危機威脅到企業的生存與永續發展時，企業內部就會人心惶惶，員工情緒及公司的整體氣氛，也必然影響到企業的生產力。

例如：一家擁有1萬名員工的公司，假設員工覺得工作不保，於是每天用30分鐘猜測、相互閒話企業及自己的未來。如此，將造成企業龐大生產力的浪費，每天生產力損失達5,000小時，每週損失2萬5,000小時，每月損失10萬小時。

二、對內溝通戰術四原則：一是溝通內容與實際行動的可信度；二是要有站在對方立場思考的同理心，才不會忽略他人的利益；三是態度誠懇，讓人更容易接受企業的說詞；四是溝通整合。任何溝通遠離此四原則，都將使溝通大打折扣。

三、危機傳播速度：企業網購系統訂單管理出錯，譬如，戴爾(Dell)的網站兩度標錯價，都曾以迅雷不及掩耳的速度，在網路論壇大肆傳開，造成猛進的訂單，而且在一傳十、十傳百的爭相訂購後，終於釀成了社會事件。戴爾大概沒有想過其品牌知名度，能夠在這麼短的時間內，傳遍整個臺灣。

四、在危機傳播過程中，接收者在閱聽報導時，常會出現幾種特殊現象：(一)觀察問題時，以自我中心為取向，而非以爆發危機的企業。(二)將事件濃縮成幾個「故事」型態。(三)資訊報導的孤立化與片段化──尤其是強調危機事件時，選擇性地認識企業危機，很可能強化企業的危險面，而忽略說明其可能的轉機面。

案例分享

前立委林瑞圖指控屈臣氏，自行毀損逾期或滯銷商品，而向保險公司詐領保險金，造成公司商譽受損。該公司立即在3月19日發出致全體同仁的信函，進行對內的危機溝通。溝通內容主要分為7點，來表明公司立場。畢竟唯有澄清事實的真相，才能讓員工能夠更勇敢地面對外界的譴責，及消費者質疑的眼光。其中5點澄清是：「1.公司從未向保險公司詐領保險金。2.從未向政府申請急難救助。3.公司確實有自受地震影響之分店，移走包含受損和自貨架上掉落之貨品，以及因停電而耗損之貨品，如此作法係為確保所有銷售予消費者之商品安全無虞。4.要求所有員工不擅自對公司外之第三者透露公司訊息，所有一切來自媒體的詢問，一律請其洽詢總經理辦公室。5.同仁對上述事件如有疑問，請聯絡總公司×××，分機×××。」

另外2點就是鼓舞同仁受挫的士氣：6.是「我們很遺憾那場可怕的災變，又因媒體報導而讓我們再度憶起，我要在此再一次感謝同仁們在災變發生後，於極短的時間內，迅速幫助公司恢復營運」及7.「我們以同仁的表現為傲，也不希望有任何一位同仁，因最近媒體的報導而感到挫折，這件事不會也影響到我們的工作及生活」。

危機溝通戰術

可信度

同理心

溝通
戰術

態度誠態

溝通整合

危機傳播

自我中心

「孤立化」、「片段化」

危機傳播

「故事」型態

Unit **8-5**
企業危機溝通計畫(一)

一、鎖定溝通對象

充分掌握溝通對象的資訊,包含彼此之間的立場、想法、實力、條件、優勢、劣勢、可用資源,以及過去對方接收到的訊息後的解碼(decoding)歷史。若能如此,則更容易去揣摩對方的心理,將傳送訊息轉變成易於達成目的的編碼(encoding),以降低彼此的敵意與不信任感。

二、建立溝通管道

溝通分為兩部分:
(一) 當地新聞媒體及廣播電臺等平面與網路媒體記者,緊急的聯絡電話、電子郵件信箱。
(二) 設立專線電話供民眾、媒體查詢(24小時免付費)。

三、累積企業溝通資源

企業重視「能見度」、「可信度」的同時,更要積極建構公益的形象,以使企業在客戶、社會大眾,以及握有價值權威性分配的政府眼中,具正面的定位。若未來情勢有變,企業需要對外駁斥謠言或澄清事實,也較容易獲得外在的信任與奧援。

四、建立媒體關係

新聞媒體是企業處理危機時,與社會大眾溝通最重要的利器。每位記者每天都要負責一定的版面,在「跟著新聞走」的原則下,負責經濟版的新聞記者,必然關心企業危機的訊息。在不能「獨漏」及截稿的雙重壓力下,常易增加媒體「不實」報導的機率。

建立和諧的媒體關係,具體作法:
(一) 與媒體定期見面溝通。
(二) 安排新聞媒體等從業人員,聽取公司簡報,訪問公司主管,參觀工廠等活動。
(三) 主動關心並掌握主要負責該領域的媒體記者,在精神上,等於將這幾大媒體的相關新聞從業人員,納入企業的本身,予以照顧。

案例分享

統一超商曾經在每月第一週的週五下午,推動「社區清潔日」,發動員工在商店或辦公室商圈打掃;統一企業每年都會提撥一部分預算,作為公益活動之用。IBM過去10年都有為兒童罕見疾病患者舉辦的慈善音樂會。有的企業對「921」地震災區的學校,伸出援手,這些都是累積企業溝通資源的例子。

建立和諧媒體關係

建立和諧媒體關係

定期與媒體溝通　　讓媒體了解公司　　照顧記者

累積溝通資源

公益

累積溝通資源

誠信

能見度

案例分享

　　2000年11月中旬，長億集團因短期周轉資金缺乏，緊急尋求銀行團紓困，包括在銀行貸款本金展延、貸款利息降低、部分掛帳。然而該集團一方面要求展延貸款、利息調降，另一方面卻大肆投資長欣電廠及機場捷運BOT案。因此債權銀行團就認為既然有錢可以投資，卻要求銀行降息給予紓困，顯然長億有錢不還款，缺乏誠意。

Unit **8-6**
企業危機溝通計畫(二)

五、善用溝通手段

(一)記者會溝通的八項要素：即訊息來源、編碼、訊息、溝通媒體、解碼、訊息接受者、反應回饋、干擾。

(二)危機溝通應注意變數：一是編碼(encoding)：這是將企業對外溝通的理念，轉換成符號的樞紐，若能善用溝通語言，則可有效扭轉人心；二是解碼(decoding)：是讀者對企業所傳遞之符號與資訊刺激，以其固有的解碼機制，對這些符號與資訊賦予意義。三是干擾：新聞媒體為求銷售率的突破，常以煽情的報導方式，來引起讀者的注意。

(三)溝通應注意：1.在說明專有名詞時，應回到人性基本面(人的內心深處是感性的)，宜採大眾化、平民化的手法，使媒體易於了解；2.避免中英文夾雜，以致記者無法全盤了解；準備素材亦不要過於艱澀，以免媒體無法理解，最後只能憑想像報導；3.儘可能用舉例的方式說明，以增進記者的了解；4.以可信度較高的事實與績效，來爭取消費者及社會大眾的信任。

六、掌握危機通報系統的環節

通報系統的環節包含：(一)誰負責通知相關員工？是否掌握這些員工，最新的緊急聯絡電話？(二)誰通知代理人？(三)誰負責通知新聞媒體？(四)誰通知新聞媒體代理人？(五)要通知哪些地方或中央主管部門？由誰通知？(六)各類相關的資訊，由誰過濾？要向誰報告？(七)記者或一般大眾打電話來時，電話總機要如何回答記者和一般大眾的問題？(八)公司有設立闢謠專線的電話嗎？(九)接聽顧客抱怨專線或闢謠專線的人員，是否能講雙語(以我國為例，國語、臺語，甚至客家語都是需要的)？(十)收音機及電視具有共通性，但誰來錄製？報紙可以一讀再讀，但是誰來撰稿？公司內誰具有快速寫作的能力？

七、具體實際的行動

(一) 最實際的行動有兩方面，一是集中資訊發布；二是成立24小時對外溝通小組。

(二) 九項準則：準則一：以誠實態度率先提出重要且正確的訊息；準則二：儘速駁斥不實謠言；準則三：對危機爆發的嚴重性表達關切；準則四：保證在政府及社會相關具公信力團體的指導與監督下解決危機；準則五：負責任、除危機。準則六：對社會說明企業目前如何處理危機；準則七：提出公司對危機管理的準備，以及以往對社會的貢獻；準則八：避免過早或不必要的公開；準則九：如果錯誤就勇於認錯。

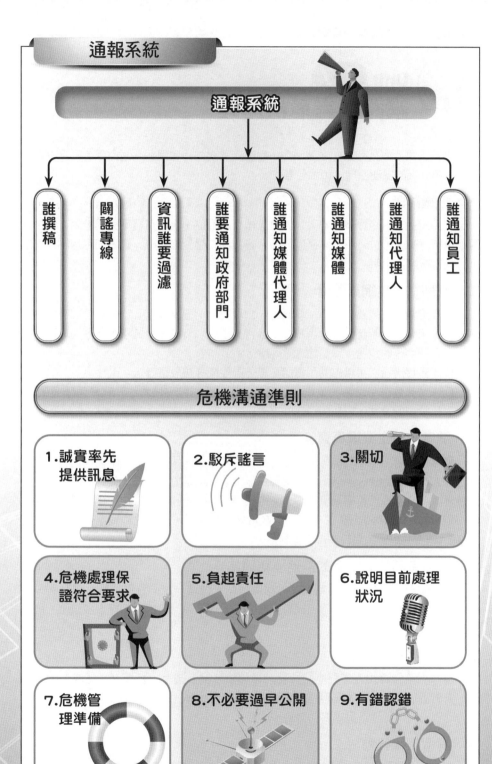

Unit **8-7**
網路謠言危機處理

網路謠言危機具有如此之破壞力，那麼究竟要如何處理呢？國內學者吳宜蓁女士提出六項危機的處理原則，可供參考：

一、危機診斷

網路言論若對企業傷害不大，亦無其他人的附從，企業可繼續蒐集相關資料，及觀察後續行動，可暫時不迅速採取行動。若情況有趨於嚴重時，企業則可適時在網站上，提出辯解及說明。

二、立即在企業網頁澄清

(一) 澄清：在網路討論區或聊天室，出現對公司惡意攻擊，或嚴重誤解而中傷企業時，此時無論是何者所為、謠言為子虛烏有或真有其事，都應在網頁上即時明確的說明，以消除大眾疑慮。

(二) 直接溝通：可以主動用電話、電子郵件或拜訪發言者。

(三) 法律蒐證：證據的蒐集，這是備而不用，以免要用時卻沒有準備(此可作為控告的證據，或相關談判的籌碼)。

三、隨時更新企業網頁資料

網路謠言所引爆的危機，可能會有各種詢問電話、傳真與上企業網頁找答案者。當這些人蜂擁而至時，企業卻沒有準備資料澄清，這是危機溝通一大致命傷。因此，企業應：(一)隨時更新網頁上的資料，以化解危機的升高。(二)提供聯絡的方式(電話、電子郵件)與聯絡人姓名。(三)完成Q&A：將大眾可能產生的疑慮，加以整理，以Q&A的方式說明，便於民眾掌握重點。

四、建立有利公司立場的其他連結網站

設法讓公司網站建立連結到其他相關網站，做進一步的資料提供。讓記者、員工、股東、顧客乃至於政府等上網查資料者，了解公司已盡所能地提供最正確、最迅速完整的資訊。

五、避免謠言繼續擴大

群眾對事情真相充滿疑慮時，就容易輕信謠言。謠言一旦擴大，變成新聞報導時，要再澄清誤會，複雜度與難度都變得提高不易處理。處理企業謠言，應爭取具公信力的第三者，可降低民眾對謠言的相信度。

六、採取法律行動

企業未到最後關頭，絕不輕易採取法律訴訟，否則極易增長對方氣焰，並成為對方新聞炒作的目標，如此恐將使企業受傷更深。除非散布謠言者一意孤行，繼續做出傷害企業聲譽及形象的作為，公司才將所蒐集到的證據，交由司法機關並提起告訴。

網路謠言危機處理原則

處理網路謠言

澄清

直接溝通

法律蒐證

完成Q&A

與其他支持
網站連結

避免謠言擴大

採取法律行動

Unit **8-8**
企業形象修補戰略(一)

　　產品傷害到消費者、爆發不道德的事件、遭競爭對手惡意中傷攻擊、陷入競標糾紛等，都可能使企業形象受損。修補企業形象的大前提，應該是透過誠信倫理的做法。否則一味掩飾，終究還是會爆發危機，以下是企業常用的形象修補戰略。

一、否認(denial)

　　單純的否認效果不大，若再加上法律控訴，則更具「否認」的效果。以2015年1月民進黨立委段宜康，以「臉書」影射上市公司亞翔工程合併榮民工程公司的過程中，馬英九收受1億元不當利得。經2022年2月法律判決後，段宜康在報上公開道歉。表示該事件對社會所造成的危害，並非該公司所為。當然在溝通說明會上，最後都會附加一句：若該事件是因公司所引起，必然會負起相關的責任。

二、轉移責難(shift the blame)

　　企業在危機爆發後，立刻採取其他行動，以轉移閱聽大眾及利益關係人注意焦點。以2022年2月我國天弓飛彈混雜「淘寶貨」，中山科學院即時公布4點聲明一案，核心精神就是，中科院有提告及不法偵辦。

三、逃避責任(evasion of responsibility)

　　危機發生之後，企業用「方法」逃避危機事件中，本應擔負的責任。但即使能逃避法律的責任，能逃避良心的譴責嗎？如果連良心都喪失麻痺，但最終能逃掉上帝在白色大寶座的審判嗎？

四、進行修正行動(corrective action)

　　企業表達要採取恢復危機狀態前的行動，並承諾或預防該錯誤再次發生。對所發生的錯誤，表示負責與道歉外，還需在語言或行為上做更正(correction)。

五、承認／道歉(mortification)

　　這是指公司主動認錯、承擔責任，並乞求原諒。誠實負責的企業，在渴求原諒後，可以透過賠償，來降低法律訴訟。企業因勇於承擔責任，而遭到法律制裁，雖有其弊，但對企業永續經營而言，也是一面永不再犯的鑑戒。

　　道歉函的內容，則應包含五項要點：(一)表明歉意；(二)說明現狀；(三)查明原因；(四)防止再發生類似事件的對策；(五)主動承擔責任。

六、更改公司名字

　　此舉在放棄公司過往汙點的歷史，此戰略同時可搭配促銷、廣告、通路的轉變等措施，來重建公司的形象。

企業形象修補戰略

1.否認

6.更改公司名字

2.轉移責難

形象修補

5.承認、道歉

3.逃避責任

4.進行修正行動

SAFE

化解危機

危機事件 → 破壞企業形象 → 形象修補 → 化解危機

 案例分享

　　以1996年5月11日，Valujet航空公司592班機墜毀失事。美國政府調查顯示，公司內部安全管理鬆散，而導致電子控制系統失效。該航空公司乃在1997年將航空公司更名為AirTran航空公司，當時也搭配多項措施，諸如：降低乘客票價、遵守政府飛航安全標準等各項規定。

案例分享

　　臺東縣太麻里白沙灣餐廳，以接待陸客團而知名。卻被離職員工爆料，指回收剩菜再用拼盤轉給後到的陸客團食用。估計2013年1月逾萬人，已吃下回收的菜餚。白沙灣副總經理表示，「這是店長的個人行為」。因為店長為節省成本，私下要求回收前批菜餚，再轉給下批客人食用，「公司高層都不知情」！

Unit **8-9**
企業形象修補戰略(二)

修補企業形象(corporate image)戰略，所指的企業形象是，消費者對企業的產品、品牌、機構、企業的主觀感受；易言之，就是企業在社會大眾及企業關係人眼中，所占的地位。

七、被激怒的行為(provocation)

公司所為僅僅是反映外在挑釁的防禦行為，因此公司的行為，是被迫的、是可以諒解的。這種溝通戰略，基本上就是將一切責任，歸咎於對方的挑釁。

八、不可能的任務(defeasibility)

這是非公司能力所能控制，而非公司不願處理，所以不應以此歸咎於公司。尤其當公司欠缺對狀況處理，及掌握相關資訊的能力時，藉此以逃避應擔負的責任。

以新東陽在2011年12月針對產品生產日期，被竄改的危機為例。在聲明稿中指出，中國媒體關於「上海新東陽食品公司」，任意改「肉鬆及八寶粥」產品日期，與臺灣新東陽完全無關，因為兩家雖然都叫新東陽，但分屬不同的公司。聲明稿最後面附上，在中國地區要到哪裡買，才能買到真正新東陽的產品。新東陽的溝通戰略，就是「不可能的任務」。

九、事出意外(accident)

強調危機事件純屬意外，非本公司「企圖」或「有意」之舉。此戰略的精神在於該危機的確是公司所為，然非刻意所為，而且是在非控制意外的狀況下發生，故僅擔負極小的過失部分。

十、純屬善意(good intentions)

危機發生非但不是公司意圖其發生，而實質上，此舉原是出自公司一片「善意」。因此，所要擔負的責任應降至最低，即將責任降到最低，自可減輕企業形象的破損程度。

 案例分享

轟動一時的日人友寄隆輝毆打計程車司機案，友寄指出是Makiyo經紀公司享鴻娛樂，教他在記者會上講，原因是司機「襲胸」，所以是被激怒下的行為。這樣不道德、不符合事實的言詞，引來社會輿論的痛批，根本無助公司旗下藝人，甚至整個公司都陷入危機之中。所以運用「被激怒的行為」，須是誠實的、是事實，否則將更重創公司形象與相關人。

企業形象修補戰略(續)

- 被激怒的行為
- 不可能的任務
- 形象修補
- 被屬善意
- 重出江湖

知識補充站

金石堂危機溝通

金石堂書店全臺擁有70家店面、500名員工,經營超過30年歷史,年營業額將近20億元。該企業早期經營社區打下江山,但近年受到網路書店衝擊,每年都有分店收掉。2013年1月分金石堂書店的薪水,過年前拿不到,這對於500名員工,過年時期的紅包、年貨採買,都產生了窘迫。

原來金石堂每月的11日,會發放上個月薪資,而2月的11日剛好碰上大年初二,銀行沒上班無法轉帳,因此要一路順延到開工的2月18日,才能領到1月分薪水!金石堂對外的危機溝通,強調:一來不違反勞基法,二來過年前,就和員工溝通過了,也先發給了年終獎金。金石堂經理汪信次也說:「這次的時間點,真的是比較尷尬一點,我想我們會再做內部的檢討。」

Unit **8-10**
企業形象修補戰略(三)

圖解企業危機管理

十一、補償(compensation)

誠實面對問題，勇敢承擔責任，「是就說是，不是就說不是」的溝通，這是最符合誠實及道德原則。儘管公司可能要對受害者付出補償費，但正由於公司勇於承擔責任的誠實表現，對公司長久形象與永續經營必然有其幫助。

十二、趨小化(minimization)

降低社會對公司錯誤行為，所產生的批判性情緒及負面感覺，同時以事情不嚴重來將危機淡化。

十三、差異化(differentiation)

區分自己與競爭對手，對危機事件處理的差異，而本公司的處理方式較競爭對手，更有利於消費者與社會大眾。

十四、超越(transcendence)

展現公司對社會的貢獻，遠遠超過對社會或消費者無意的傷害。

後危機時代的溝通

如果狀況許可，在危機事件結束後，企業不妨用廣告展開對外溝通，因為它有4種理由：
1. 表達公司「東山再起」的決心，希望消費者支持並接受。
2. 廣告能讓公司內外的人們都看到，而產生一致的共識。
3. 提升員工士氣。
4. 洗刷危機期間，媒體報導對企業所塑造的負面影響。

案例分享

新東陽在2005年6月的「紅麴燒肉粽」，因被臺北市衛生局驗出苯甲酸事件。公司在對外聲明稿中，即表達歉意，並表示這是單一偶發事件，而且已請公正單位檢驗，且已合格。聲明稿中更重要的是，免費贈送公益團體五萬顆粽子，也提供顧客服務專線。

企業形象修補戰略(續)

形象修補

① 補償
② 趨小化
③ 差異化
④ 超越

危機處理後之廣告

| 表達企業「東山再起」決心 | 提高能見度 | 提升士氣 | 洗刷負面形象 |

 案例分享

　　嘉裕西服為結束中壢廠的女裝生產線，結果引起廠內員工的抗爭。透過電視媒體播報，在電視鏡頭前，出現許多在嘉裕西服工作數十年的年長女性，潸然淚下地表示，一生的青春都給了嘉裕，即將到領退休金的年齡卻領不到，不禁令人同情。媒體效應導致嘉裕西服的企業形象，立刻受到某種程度的衝擊。但嘉裕西服卻能迅速針對問題根源化解，並用感謝啟事來對外進行溝通，希望大事化小。嘉裕西服除對內協商處理，並立即在當月(12月)5日於《聯合報》一版，以啟事的方式，對社會大眾進行溝通，以便修補形象。

〈嘉裕股份有限公司感謝啟事〉

　　原本公司中壢廠外銷女裝生產線因營運上的調整，已於11月30日正式停產，勞資雙方已經圓滿達成資遣協議。

　　本公司桃園內銷廠之生產線及銷售業務仍然一切正常營運，並繼續為消費大眾提供高品質的服務，敬請舊雨新知繼續惠顧、指教。

　　爰謹感念社會各界對本公司的關懷，特此深表謝忱。

嘉裕股份有限公司敬啟

Unit **8-11**
誰來溝通

一、企業領導人

企業領導人親自在記者會說明，有三項優點：

(一) 可以給社會，留下有責任和有誠意的企業姿態，例如：台積電前董事長張忠謀先生或台塑前董事長王永慶先生對於危機事件，常會召開記者會，親自對外界說明。

(二) 對於記者的質詢提問，能即時做出負責任且穩定大局的權威性回答。

(三) 能使記者從危急的情況中，獲得事件的整體背景及其他相關的資訊。但萬一出錯，則易失去公信力，可能使企業陷入更大的危機。

二、企業發言人

危機溝通的重點，並不在於由誰出面解釋，民眾要的是對危機事件，提出具體合理的說明，以及相關處理的對策。若能慎選專業發言人，由其出面溝通，負面新聞可能影響較少。企業可以在危機結束後，檢討發言人角色是否稱職，並進行換人、補強或再訓練。

遴選企業發言人要點：

(一) 發言人不能因其個人的光芒，而遺漏企業所要傳達的訊息。否則媒體忽略企業澄清的要點，如此將無助於企業危機之解決。

(二) 發言人必須熟悉公司業務，並深入危機議題等相關面向，這是選擇發言人的基本條件。

(三) 發言人的專業知識，應涵蓋公司的歷史、規模、生產製程、營業額、獲利數字、產品發展、公司財務會計等領域。

(四) 人格特質：誠懇；頭腦清晰、反應機敏；態度從容；能掌握新聞媒體；能精確、快速、清楚的溝通；臺語流暢度(在臺灣，它是極重要的溝通工具)；面部表情、服飾要與訊息內容一致。

三、發言人應遵循的法則

發言人應遵循的法則包括：(一)掌握公司所要傳達的訊息；(二)駁斥不實謠言；(三)勇於面對記者所提出的問題，即使不知道答案，也要強調會努力儘快去得到答案；(四)儘量減輕危機引發的不良反應與疑慮；(五)強調企業採取符合大眾利益的因應措施；(六)定期舉行記者會；(七)建立即時取得危機訊息的相關檔案紀錄；(八)決定可供媒體採訪及開會的場地(通訊設備)；(九)若危機時間延長，可指派代理人分勞；(十)對採訪記者的身分作確認；(十一)儘量不要讓媒體和其他企業成員接觸；(十二)避免用煽動口語和口氣來作答；(十三)溝通內容必須簡單扼要，以免模糊溝通訊息的焦點。

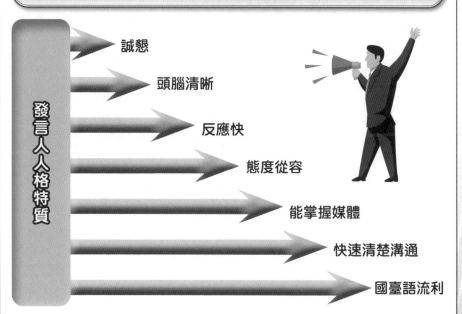

發言人專業知識

(1)公司歷史

(2)規模

(3)生產製程
(作業)

(4)營業額

(5)獲利數字

(6)產品發展

發言人人格特質

發言人人格特質

誠懇

頭腦清晰

反應快

態度從容

能掌握媒體

快速清楚溝通

國臺語流利

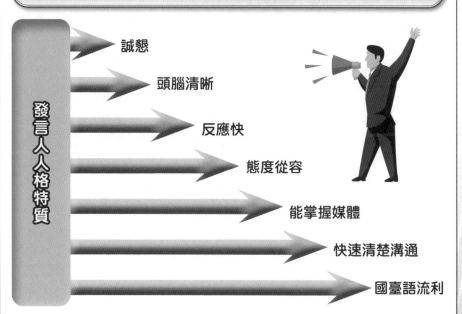

案例分享

　　2000年6月日本雪印奶粉的社長出面召開記者會,就在記者會上,由於受到記者咄咄逼人地追問中毒事件,社長竟回過頭來問其他人:「有這種事嗎?」結果記者會不但不能澄清事實,反而更引起社會對該企業更大的質疑與反感。

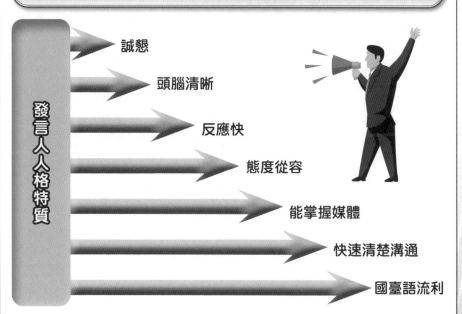

189

第八章　企業危機溝通

Unit **8-12**
如何掌握記者會

一、預期媒體可能提出的質問，並準備答案：若無充分準備，將可能使企業陷入更大危機。2000年11月29日中信、工礦於證交所召開重大訊息時，表示公司已發生跳票事件，但在記者會上中信與工礦發言人，在面對媒體詢問時，卻對跳票金額不甚了解，而造成投資人的恐慌。

二、避免使用學術術語或行話：要用清晰易懂的語言，告訴社會大眾，企業關心所發生的危機，並已採取行動來處理危機。尤其是科技產業的相關學術用語，一般民眾都不易了解。

三、避免使用負面言詞：負面言詞很容易引起反感與駁斥，當引發新的爭論時，就顯然有違該記者會的宗旨。

四、同理心的哀兵姿態：無論在言詞或臉部表情或音調，千萬不要高亢。前總統陳水扁先生在擔任臺北市市長任內，處理「快樂頌KTV」事件，就是抱著與悲者同悲的心情。最後不但未受家屬責難，反而受到家屬的感謝。

五、感謝相關人員的協助：感謝是化解敵意的最佳導言，因此無論當時情形再混亂，都不要忘記表達感謝採訪記者、工作人員及政府等單位的辛勞。

六、表達企業造成社會或消費者不安的歉意：如果錯在企業，道歉非但無損威信，反而會贏得尊敬。千萬不要等到不可抗拒的壓力後，才肯開口認錯；在危機溝通過程中，立即道歉所受的傷害最少，付出的代價愈低。

七、說明事件背景、不要談過程：由於危機事件的複雜性，為避免治絲益棼、節外生枝，且在短時間內難以澄清，容易加深反感與不耐。故對外發言時，應說明事件背景，不要談過程。

八、控制時間迅速結束：在危機溝通的記者會或說明會中，最好在抓住要點、懇切說明危機事件之後，立即結束，千萬不要拖延，或詢問各位還有什麼問題等類的語詞，而給社會大眾造成問題愈問愈多的感覺。

九、再次致謝，並多用正面肯定的語言，例如：「我們一定……，我們盡最大的努力……」，少用負面言語，例如：「那是不可能的……，請不要亂加揣測……」。企業要邊溝通，邊蒐集社會輿論的變化，與事件後續發展。

十、掌握輿論變化：對大眾市場的部分，可以從有線及無線電視、廣播、全國性的報紙(如《中國時報》、《聯合報》)、網路等處加以蒐集；對分眾市場的部分，諸如廣告信函、專業報刊與雜誌、電子郵遞；對小眾市場則可以透過電話訪談人員來了解。所有針對記者會或採訪的內容，都必須加以錄音、錄影以利比較核對。若發現媒體所公布的訊息有誤，或是嚴重損害組織形象時，可由發言人出面提出更正。

記者會

1. 預期媒體問題
2. 避免術語
3. 避免負面言詞
4. 同理心
5. 感謝幫助
6. 表達歉意
7. 說明背景
8. 控制時間
9. 掌握輿論變化

191

知識補充站

具獨特親和力,和幽默直言的媒體名人于美人,因家務事在2013年3月29日上了社會新聞版面,而且連續召開記者會。先是開記者會,指稱長期飽受老公「James」王維倫言語汙辱,而且讓其先生James(王維倫)威脅到母親,終於忍無可忍報警,並聲請保護令,限制丈夫James(王維倫)接近自己母親。先生也發出公開信,解釋家庭糾紛過程,否認于美人昨日記者會指稱他涉家暴,必要時會公布與丈母娘口角內容錄音帶。緊接著4月2日在召開記者會時,情緒失控、幾度落淚,不願多談,只激動地説:「都是我的錯,都算我的好了!」「我會盡最大的包容和理性,來處理這件事。」

親愛的朋友,您覺得于美人這樣連續的記者會,社會大眾的觀感,會是什麼?如果均非正面的話,那麼召開記者會,除了深思是否有必要召開之外,還必須注意什麼?

一般來説,記者會要考慮的主題,包括:1.決定主議題和主要閱聽人,並依此訂出主要新聞稿內容,和邀請的媒體;2. 主講者:如危機處理的決策者、集團董事長、企業總經理;3.列席或參加者,如政府及相關公正代表;4.邀訪媒體名單:如專業電子硬體雜誌、財經、科技線平面和電子媒體、網路新聞媒體;5.時間、地點:一個適合記者出發採訪的時間,和合適的地點,如上午10:00、下午15:00等。6. 現場布置、準備資料;7.記者會花費預算;8.會後媒體報導資料蒐集彙整:平面和電子媒體都要,有利的和不利的報導都要。9.會後效益評估。

第 **9** 章
企業危機處理個案

● 章節體系架構 ▼

Unit **9-1**
克萊斯勒危機個案

　　從企業危機事件的發生與處理過程，及其所付出的代價，可以發現不少企業危機處理的經驗，都是以血淚換取來的。

　　1919年美國克萊斯勒公司(Chrysler Co.)，在美國底特律市宣告成立。到了1940年克萊斯勒先生逝世時，公司的產量和營業額，已超過福特公司，成為僅次於通用汽車公司的全世界第二大汽車公司。但後來卻因經營不善，盲目發展，營運每下愈況，到1987年，就虧損4億6,000萬美元。艾科卡(Lee Iacocoa)接手前，克萊斯勒公司是債臺高築、資金短缺、士氣低落。

　　(一)外部危機根源：外有日本強大的競爭對手，以及因伊朗引爆的石油危機。

　　(二)內部危機根源：企業內部則是結構鬆散、各自為政。1.公司部門多、分工細，以副總經理一職，就有35個之多；2.各部門只顧維護本部門的利益；3.溝通制度出問題：資訊常常相互矛盾，致使公司根本無法做出正確的決策判斷；4.協調與專業能力：工程部門設計的車輛，製造部門無法生產；製造部門製造的車輛，行銷部門無法在市場順利銷售，因此庫存不斷增加。

　　1978年7月底特律傳出轟動輿論界的新聞，亨利福特二世將才華出眾的艾科卡從公司總裁的位置趕下去。於是克萊斯勒董事長李嘉圖立刻親自出馬拜託艾科卡重整該公司。艾科卡所採取的危機處理措施，是多方面的同時進行，這些措施包括：

　　(一)提升快速反應能力：組成公司4人決策小組，來決定公司所有關鍵性的事務。

　　(二)組織結構改組：把幕僚群縮到最小範圍，並且解僱33位領導階層的副總經理。

　　(三)快速推出新產品：公司加速研發新車，並在1984年上市。有鑑於該車性能強，所以立即占有12%的小型車市場。

　　(四)迅速還債：出讓有穩定營收來源的坦克事業部門。

　　(五)減少支出：艾科卡將自己的年薪，調為象徵性的1美元。同時也要求公司最高管理階層，減薪10%。

　　(六)減少虧損，關閉虧損的工廠。

　　(七)爭取外援：為增加營運資金，不斷與國會議員進行危機溝通，以爭取政府貸款擔保，最後獲得12億美元的貸款。

　　處理結果：從艾科卡處理克萊斯勒公司的危機，可以看出危機處理，必須面面俱到，才能讓企業扭轉乾坤、脫離死蔭幽谷。

克萊斯勒企業危機

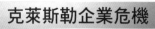

專業↓

石油危機

制度鬆散

企業危機

日本競爭

協同↓

克萊斯勒危機處理措施

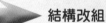

危機處理

提升反應力

結構改組

推出新車

爭取外援

快速還債

關閉虧損工廠

減少支出

Unit **9-2**
光男企業危機個案

該公司不但自創肯尼士(Kennex)品牌，更讓「MIT」(Made in Taiwan)躍上國際舞臺，成為臺灣最具國際知名度的公司。1987年光男企業上市，1988年、1989年臺灣股市狂飆，光男股價一口氣從40元，飆到210元，當時，董事長羅光男手裡的股票，就高達7、80億元。但光男企業財務危機爆發後，企業王國一夕崩塌。累計虧損達109億元。

一、過度多角化經營

光男企業除了網球拍事業，在豐原、臺中、高雄各設立一家券商，一家2億元，總共投入6億元；自創品牌，成立艾鉅電腦，同時也成為臺灣第一家，在法國成功上市的公司；為抓住房地產商機，在高雄投資了一家建設公司，資金6億元。此外，產業也擴充到高爾夫球桿、釣竿、鞋子、成衣等。

二、決策失誤

在全球各地大舉擴充，據點包括瑞士、美國、法國、英國、德國等地。董事長長時間在各地奔波，因此，未能靜下心來全盤思考、決策。

三、管理不善

事業過於龐大，單單網球拍事業，除了臺灣，還在大陸長沙、泰國都有設廠。更何況還有建設公司、證券公司、電腦公司等，使得管理難度升高。

四、高財務槓桿

不斷把高價買來的房地產、機器設備，向銀行抵押貸款，用來持續擴大事業。這也形成大筆資金周轉的壓力，結果把光男資金壓力推向高峰。

五、外環境變化

1990年，時任財政部長郭婉容，宣布課徵證券交易稅，股市重挫，大盤跌到3,000多點，光男股價也跌到20多元，導致財務危機正式爆發。

六、銀行凍結資金

所經營的各家公司，交互投資複雜，竟然無法從報表中找到問題，即時做好財報管理。財務數字難看，外面傳言愈來愈多！再加上，擔任董事長哥哥的保證人，保證金額約40多億元。他兄長一跳票，銀行開始抽銀根，情況一發不可收拾，資金周轉更加困難。

七、危機處理失敗

光男由於資金無法周轉，而股票也於1997年下市，累積負債100多億元。臺中地院裁定准予重整，直到2000年，共歷經6次重整無結果，只好破產拍賣。

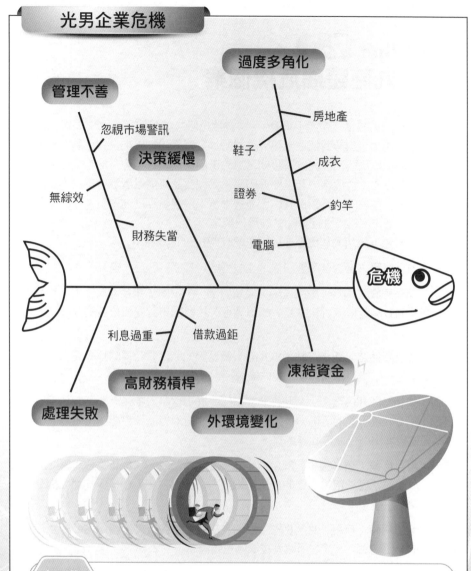

光男企業危機

過度多角化
- 房地產
- 成衣
- 釣竿
鞋子
證券
電腦

管理不善
忽視市場警訊
無綜效
決策緩慢
財務失當

危機

利息過重　借款過鉅

高財務槓桿

處理失敗　外環境變化

凍結資金

知識補充站

經營管理知識

光男企業的情形，也曾經發生在我國的許多企業，如漢陽集團、禾豐集團、聯蓬食品、新巨群集團、東隆五金、瑞聯集團、萬有紙業、擎碧建設、伯爵建設、國隆企業、三光吉米鹿、臺灣日光燈、美式家具、安峰集團、宏福集團、廣三集團、隆州集團、海山集團等。這些爆發財務危機的企業，所經營的業務雖不相同，然爆發危機的核心原因卻大體相同，即不專注本業，卻盲目轉投資，及涉入不易操控的股票市場，最終使大部分企業從市場消失。

Unit **9-3**
丸莊醬油危機個案

　　老字號的丸莊醬油創立於1909年，為當地最悠久的醬油品牌。丸莊醬油的創始人是莊清臨老先生，由於西螺地區得天獨厚的水質與氣候，再加上古法釀造技術，堅持傳統的純釀造黑豆蔭油，開啟了醬門世家的王國。走過百年歲月的「丸莊醬油」，曾面臨生死存亡的重大危機。其主要原因是，大型食品集團以製程短、成本低的黃豆醬油搶攻市場，並挾廣告行銷優勢，因而幾乎搶走傳統黑豆蔭油業者生存的空間。來勢洶洶的競爭者，使得「丸莊醬油」幾無招架之力。

　　「丸莊醬油」成功的危機處理，最主要有7方面的努力。

　　一、改善製程： 針對競爭者優勢，在製程廠務管理，進行大幅改革。

　　二、產品差異化： 為了產品區隔，凸顯與統一、金蘭、味全等大廠不同的品牌定位，丸莊醬油強調其傳統古法的甕式釀造製程，以及採用營養價值較高黑豆，作為醬油原料。

　　三、建立新通路： 新光三越、SOGO、微風等知名百貨公司的頂級超市，領先業界站上貨架，一改臺灣醬油不受重視的風貌。

　　四、強化品牌知名度：「丸莊醬油」積極參展，此舉大幅提升丸莊知名度與品牌強度。同時由於董事長的活動力，因而使丸莊醬油從地方產業界龍頭，躍進為全國性的工業公會或進出口公會等社團成員。

　　五、提振形象： 請專業設計師規劃臺北重慶北路門市，以創新手法將醬油店變成精品店，改變傳統醬油粗俗便宜的形象，以吸引媒體注意，爭相報導，大幅提升丸莊醬油的品牌知名度。

　　六、定位明確： 善用「醬門世家，百年老店」的資源優勢，明確的品牌定位及強化品牌強度，從產品、定價、通路到推廣，重新調整。

　　七、企業轉型： 將西螺總部的醬油博物館，推動為觀光工廠，成為國內第一座醬油觀光工廠。

丸莊醬油小檔案

資料來源：丸莊醬油

成立	1909年(民國前二年)
創辦人	莊清臨
董事長兼總經理	莊英堯
資本額	2,200萬元
員工	約80人
外銷地區	美國、加拿大、中南美洲、中國、紐、澳、東南亞、中東

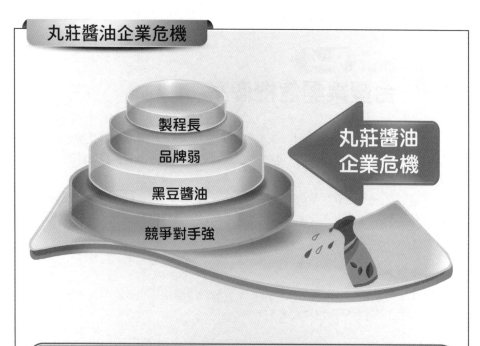

丸莊醬油企業危機

製程長
品牌弱
黑豆醬油
競爭對手強

丸莊醬油
企業危機

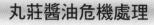

丸莊醬油危機處理

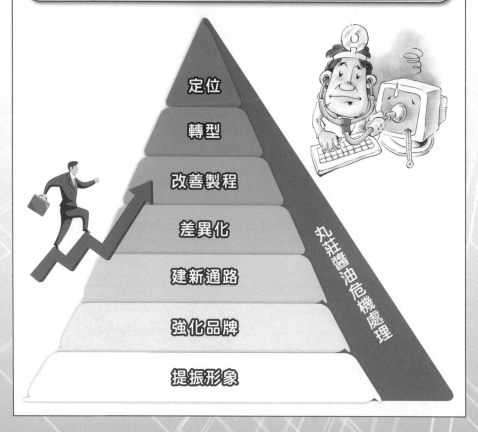

定位
轉型
改善製程
差異化
建新通路
強化品牌
提振形象

丸莊醬油危機處理

Unit **9-4**
台塑集團危機個案

　　自從王永慶辭世後，在2011年7月開始，台塑集團六輕廠區連續五場大火，惡臭氣體外洩，並引發居民嚴重抗議，地方政府交相指責，財產損失也難以估計，因而成為全國矚目焦點。

　　前經濟部工業局長杜紫軍說：「沒有工安、就沒有石化產業，由於台塑工安意外已非第一次，代表內部在工安上，的確還不夠嚴謹，仍要再努力。」台塑危機處理措施說明如下：

一、解決危機根源

　　投資120億元進行老舊管線汰舊換新，並緊急汰換具高危險性的公共管線，同時巡檢人力加強3倍，避免再出現大火。

二、道歉

　　台塑集團總裁王文淵，強調「這樣的工安意外，很不應該！」，並鞠躬向社會各界道歉。集團副總裁王瑞華三度公開道歉：「對社會大眾、對我的鄉親真的是很抱歉，造成這麼多的困擾。」此外，南亞塑膠公司也登報道歉，並強調火災若對居民造成任何的傷害，都將會負起全責。

三、親訪關鍵人物

　　集團總裁王文淵及副總裁王瑞華，分別親訪當時經濟部長施顏祥、雲林縣長蘇治芬、嘉義縣長張花冠，爭取協調處理。過程中也遭遇挫折，譬如：王瑞華在拜訪蘇治芬時，但蘇治芬以「正和相關單位及六輕主管討論如何善後，現在見面也沒意義」為由拒絕，讓王瑞華吃了閉門羹，枯等2小時。

四、提高回饋金

　　台塑從過去每年給地方1億元回饋金，一下子提高到以後10年，每年給10億元，以平息民怨。

小博士解說　思考

過往臺灣的洋傘、成衣、鞋子、工具機，到今日的網路卡、影像掃描器、終端機、半導體等資訊相關產品，都曾經在國際上發光發熱。最後卻不得已、退出市場。可見外環境的變遷，內在的管理，都不能疏忽。

危機處理速度過慢，在於不知道問題出在哪裡？問題不知出在哪裡的關鍵，在於決策層級的資訊不足。此外，缺乏SOP快速反應能力，以及對當地政府、居民的同理心，都是值得台塑集團再努力的。

Unit 9-5
金車危機個案

　　中國三鹿牌奶粉，因添加三聚氰胺，讓中國5萬多名嬰幼兒，罹患腎結石並導致數例重症嬰兒喪命。三鹿毒奶粉波及金車公司，也造成該公司面對該品牌25年來，最重大的企業危機。

　　一、危機爆發原因：金車公司進口的原物料中，雖有進口中國奶商的貨品，卻無直接由三鹿集團生產之原物料。但公司負責人李添財董事長，仍是看出危機的火苗！主動要求全面檢驗公司原物料產品來源，結果真的查出由臺中汎昇公司代理，中國山東都慶公司生產的植物性奶精粉，內含三聚氰胺。

　　二、處理原則：李董事長強調「舉凡傷天害理，對人有害，對社會沒有幫助，會造成公害或胡搞的事，就算能賺錢，我也不賺。」當毒奶危機當頭，看似短期財務受損，以長期而言，贏得更珍貴的社會尊重，短利與長利之間，反映企業在社會責任與企業道德的高度。

　　三、處理速度：當出現「可疑」時，負責人迅速下令檢驗原物料，除將檢體送行政院食品衛生局新竹食品檢驗所。在等待的過程中，金車公司並沒有停滯無所事事，而是著手開始研擬各項因應計畫作為。

　　四、決策會議：當資訊愈來愈清楚，即密集召開主管會議。內部曾有主管提案，不一定要打草驚蛇，公開宣布檢測結果，業務部門有能力默默從市場回收問題商品，此一提案遭李董事長打回票！李董事長要求公司上下，應有「遇到問題就應該面對」的態度，第一時間若有所隱瞞，「說一個謊要說十個謊來圓，不可能永遠瞞得住消費者」。董事長下達處理原則，統一內部意見，維護公司商譽。

　　五、召開記者會：金車在這事件中，派出了解企業運作甚深的企劃部副主任馬明皓，擔任發言人，並在第一時間，與副總經理、研究室副主任等三位，面對鏡頭，主動說明事情始末，並深深鞠躬道歉。

　　六、增強可信度：記者會找來食品工業發展研究所副所長和律師見證，以增強公司處理可信度，因此有效控制了新聞走向。

　　七、回收產品：金車承諾一週內回收95%的問題產品，更接受誤購問題產品的消費者，全面無條件退貨。統計回收商品的損失，超過1億多元。

　　八、安全產品上架：為了讓產品能夠延續生命，事發第三天，即設計「新配方」標籤，貼在後續生產的新品，與受汙染產品做出區隔。

　　公司危機處理的結果，保住了消費者對伯朗品牌信任度(伯朗罐裝咖啡年營收50億元的品牌形象)。金車公司一發覺危機便做出正確的處置，又因正確且迅速的處理作為，使危機化為轉機。

金車企業危機處理

處理原則

回收產品

記者會

危機意識

可信度

安全產品

道德、良心

知識補充站

記者會澄清誤會：2013年4月5日新聞指出，檢察官深入調查兩家投信公司的前投資長、協理等人，發現他們涉嫌於民國99至101年間，在政府基金進場買進(Block Transaction)前，自行以他人名義或與他人共謀，先行買進(Front Running)與基金計畫買進相同的股票，並於同日或數日，基金進場買進並拉高股價，即行出脫。藉此，獲取暴利近新臺幣1億元，而同期間政府基金買進股票，則虧損達10餘億元。

針對寶來投信協理瞿乃正，涉嫌以內線交易的方式，來坑殺政府代操基金。元大寶來投信發布聲明稿表示，瞿乃正是前寶來投信全權委託處經理人，在元大合併寶來投信前即離職，並非目前元大寶來投信的員工。

道德良心是危機處理的根本：2012年2月3日晚間，藝人Makiyo(川島茉樹代)的友人友寄隆輝，因拒繫後座安全帶，而與林姓司機發生爭執。林姓司機遭日本人友寄隆輝毒打，導致顱內出血、肋骨斷裂。4日晚間，其所屬的經紀公司享鴻娛樂，發表簡單「聲明稿」，由於內容未對受重傷司機表達歉意，而Makiyo本身竟指出，是司機先碰觸到她的胸部，才讓他的友人氣憤、動粗！不過社會大眾卻質疑，把人打成重傷，生死不明，竟還跑去繼續喝酒，良心何在？道德何在？更何況「司機怎麼可能從司機座位，回身到後方乘客去碰觸？」社會質疑Makiyo有推卸責任之嫌，因此，發起抵制Makiyo代言產品、拒絕前往Makiyo投資餐廳消費活動。

Unit 9-6
旺宏電子危機個案

在臺灣電子產業中，旺宏電子不僅在非揮發性記憶體領域首屈一指，也是全球最大的唯讀記憶體生產廠商。但更令人注目的是，在2002年時，旺宏因策略失當，而慘賠上百億元，導致公司元氣大傷，甚至傳出將遭購併的危機。當時旺宏電子究竟是怎麼走過這段悲慘歲月？

一、處理原則

董事長吳敏求相信要救亡圖存，就得集中全公司的力量，先解決幾個最根本的大問題。同時吳董事長根據「80／20法則」，他認為公司80%的危機根源，主要是集中在20%的問題裡。因此，只要「解決前五大問題，便可解除大半危機。如果將力氣花在堵住一些小問題上，不久後便將發現，危機可能已擴大為『萬瘡千孔』！」。

二、縮減開發案

吳敏求發現旺宏的產品開發計畫，竟然高達八十多個，因此決定先將亂槍打鳥的產品開發案取消，因此縮減70%的開發計畫。

三、強化核心競爭力

旺宏決定淡出邏輯領域，專注記憶體晶片業務。同時堅持持續研發，因此也使得營業毛利，由負轉正。經過縮減調整後的旺宏產品線，競爭力變得更強。

四、強化企業形象

接單除了專業能力，也不能忽略企業形象。吳董事長認為，一家企業形象要建立起來本來就很難，但要失去卻很快！因此，在旺宏營運最艱辛困頓之際，仍堅持不停辦「旺宏金矽獎」，以獎勵在校生從事半導體設計；在國內同類型比賽中，「旺宏金矽獎」不但獎金最高，且對得獎學生無「額外要求」，因此最受國內理工學院師生推崇。

五、增強危機處理耐力

為增強危機處理耐力、體力，於是，吳董事長開始每天早晨5點，就在園區騎腳踏車，約1小時的運動後，才沐浴、工作。

小博士解說　　危機處理結果

旺宏體質增強了！因此後來挺過國際金融海嘯，而且還能乘風御浪、再創高峰。2008年每股盈餘1.45元，2009年每股盈餘1.74元，2010年每股盈餘2.33元，2011年每股盈餘0.86元。

旺宏電子危機處理

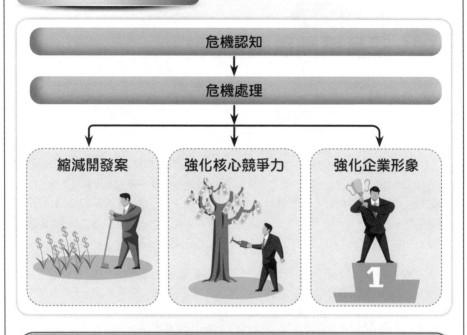

危機認知

↓

危機處理

| 縮減開發案 | 強化核心競爭力 | 強化企業形象 |

旺宏電子近四年每股盈餘

近四年每股盈餘

年	盈餘
2008	1.45
2009	1.74
2010	2.33
2011	0.86

順利度過2008年金融海嘯

Unit 9-7
王品集團危機個案

圖解企業危機管理

一、快速通報： 10月4日清晨5點多，王品集團旗下原燒餐廳總經理曹原彰，發現某報頭版：「揭穿平價牛排肉塊拼裝，未全熟下肚可能遭細菌感染，西堤、陶板屋、貴族世家都有賣」，曹原彰第一時間撥手機，向董事長戴勝益報告。

二、決策迅速： 戴勝益6點5分得知訊息，則立即通知所有一級主管，在總管理處開會。7點30分，所有一級主管，均已在總管理處集合。9點30分確定危機處理流程，並建立最高處理準則：向外界「說清楚、講明白」，事件必須在7天內落幕。當所有媒體和消費者，可能問到的Q&A(問與答)內容，全部完成，並推派陶板屋總經理王國雄，出面擔任發言人。此時，一級主管的手機，才全面開機。

三、執行迅速： 所有公司二代菁英，都聚集在總管理處待命，隨時將決策高層的決策內容，在第一時間傳遞至各店鋪，以達到溝通零時差。決策會議一個半小時後，即擬出8項緊急決議，包括：與肉品供應商聯繫、準備板腱肉進口來源證明、若顧客有反映食用牛肉後有不適狀況，立刻以公司「0800顧客抱怨步驟處理」；客人徵詢停賣板腱肉的Q&A，都製作了標準問題。牛排全數下架，西堤和陶板屋板腱牛肉，全面停賣。

四、穩定軍心： 絕對不可喪失同仁的信賴，他認為「若員工對公司的誠信，產生懷疑，那公司就破產了。」所以10月5日一早，戴勝益寫了一封信給全體員工，「大家辛苦了，打斷手骨顛倒勇」，並強調「王品是因努力而長大，不是被嚇大的，智者沒有擔憂的權利，勇者沒有生氣的空間」。同時，走到第一線至各門市，直接面對顧客，向顧客打招呼！

五、應變與危機溝通： 危機演變至第三天(10月7日)，王品發現重組牛排，幾乎已被媒體炒得和黑心牛排劃上等號，愈解釋只會讓顧客覺得狡辯。在重視消費者感受的大前提下，董事長認為：「那時候，已是不問對錯，只問情緒了，必須先顧慮消費者的感受。」於是10月8日一口氣花400萬元，買下六家平面媒體的頭版廣告，刊登「以顧客為師」的一封信，告知消費者西堤和陶板屋在「重組肉」事件發生後，不再賣剔筋的板腱牛排，並於當日中午舉辦記者會，提前公布全新的牛排，10月9日全臺推出全新的「原塊牛排」。

六、危機處理結果： 10月9日原塊牛排開賣首日，西堤來客數，與前一個星期六同期相比，超過12客。陶板屋則100%恢復「重組肉」危機發生之前的業績，還超出4%。

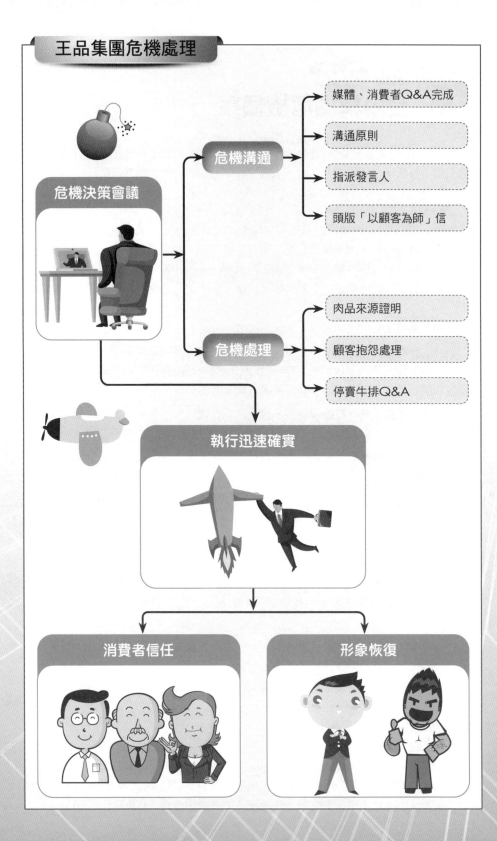

Unit **9-8**
台中精機危機個案

　　1997年亞洲金融風暴爆發時，台中精機是臺灣最大的工具機廠商。當時台中精機的股價，持穩守在每股90元以上，家族擁有的股票總市值，約200億元。

一、危機根源

　　1998年底，國內機械業領導廠台中精機，受到國際金融風暴的波及，同時也因為過度操作財務槓桿，加上集團企業間進行交叉持股、股票質押借貸以及市場謠言，因而造成公司財務周轉失靈，股票面臨下市命運，40餘年的辛苦經營幾乎毀於一旦。台中精機的股價，因爆發違約交割事件而一洩千里，公司負債超過60億元。

二、危機處理

　　(一)危機溝通： 銀行與票券公司，臨時抽銀根，導致該公司措手不及下，發生重大違約交割事件，傳說是因與新巨群(已跳票、違約交割)有策略聯盟關係。董事長在證交所召開記者會時正式否認，同時強調本業營運仍正常。

　　(二)爭取現金： 處分轉投資事業，包括台穩齒輪與台中醫療等公司；凍結在中國廣州，設立塑膠射出機的南台公司。

　　(三)向財政部提出紓困申請： 台中精機紓困案，因本業正常，所以很快獲得財政部紓困小組通過。

　　(四)減薪裁員： 將公司的員工總數降一半，由1,200人降低至約剩下600人。台中精機總經理黃明和，率先減薪30％，協理、經理及副理的減薪幅度，則在20％至10％不等，經過瘦身計畫，節省新臺幣1億元。

　　(五)爭取關係人支持： 爭取協力廠商、代理商、顧客的支持，使公司仍能繼續穩定的生產與供貨給客戶。基於共存共榮和以往良好互動關係，獲得協力廠商、代理商、顧客支持，在增進彼此合作與成長的前提下，公司特別成立「台中精機聯誼會」。

　　(六)零組件內製化： 除財務與行銷方面的改革，在生產上的成本控管，特別著重零組件內製化，以降低成本、提高獲利。

　　(七)創新研發： 為避免走上價格競爭，因此著重差異化發展，及關鍵零組件的開發能量。

三、危機處理結果

　　度過2008年的全球金融海嘯，2010年公司營收成長2倍，達57.3億元，集團營收破110億元；2011年公司營收62.7億元，集團營收118億元，創歷史新高。2012年雖有歐債風暴、中國及美國經濟疲弱，公司全年營收近50億元，集團營收破90億元。

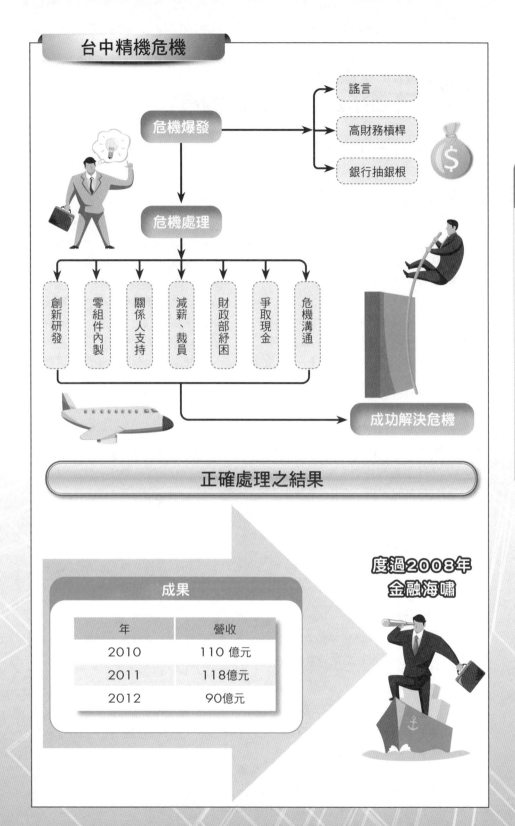

台中精機危機

危機爆發

- 謠言
- 高財務槓桿
- 銀行抽銀根

危機處理

- 創新研發
- 零組件內製
- 關係人支持
- 減薪、裁員
- 財政部紓困
- 爭取現金
- 危機溝通

成功解決危機

正確處理之結果

成果

年	營收
2010	110 億元
2011	118億元
2012	90億元

度過2008年
金融海嘯

Unit **9-9**
臺灣Nike公司危機個案

耐吉(Nike)成立於1972年，是一家美國體育用品生產商，主要生產運動鞋、運動服裝、體育用品。

一、危機根源

在2004年5月臺灣Nike廣告渲染下，只要購買一定金額，和麥可喬登相關的運動產品，就可以和「飛人」喬登，「近距離」互動，因此成為社會引頸期待的焦點！所以很多人大買特買，就希望能下場和籃球明星切磋一下。結果5月22日麥可喬登在球迷會上，露臉不到2分鐘，就走了！讓很多人好失望，不滿之聲隨之而出。

很多球迷說，要是早知道喬登出現不到2分鐘，就根本不用花大錢，想盡辦法買票進場，所以球迷很氣憤！由於球迷權益受損，因此許多球迷找上消基會，質疑Nike活動廣告不實，連北檢也主動偵辦並展開蒐證。當時消基會與廣大球迷，質疑主辦單位臺灣的「Nike公司」廣告不實。臺北地檢署亦以涉嫌刑事詐欺進行偵辦。這對於Nike公司的形象，無疑遭到重創！

二、第一次危機處理

第一次危機處理，是以聲明稿的方式進行。2004年的5月23日傍晚6點多，以聲明稿回應社會不滿。聲明稿主要著重在喬登對臺灣球迷的熱情印象深刻，衷心感謝大家的支持。喬登臺灣之旅，主要是希望以說故事的方式，來傳達他個人及品牌的精神，來凸顯卓越的精髓，並沒有對球迷不敬。最後，Nike公司對球迷的不滿表示非常的抱歉，並且將會虛心接受大家的批評和建議。

三、第二次危機處理

5月24日晚上，臺灣「Nike公司」第二次聲明稿，將以贈送「喬登的絕版海報」方式，來彌補球迷。結果仍無法平息眾怒，許多網友持續在網路表達不滿。

四、第三次危機處理

5月26日 Nike公司始終不願意明確道歉，只願意向部分不滿的球迷道歉，部分媒體記者認為Nike公司誠意不足，最後以集體退席的方式表達不滿。

五、第四次危機處理

雖然Nike公司出面召開過一次記者會，不過卻引發媒體與Nike公司之間的衝突。27日消基會發出48小時最後通牒，因此讓Nike公司表示將在28日上午10點，再度召開記者會，對外說明後續處理。

臺灣Nike公司28日上午，二度舉行記者會。這次Nike公司終於由最高主管總經理出面，並三度向全國球迷鞠躬道歉；提出五大補償方案，針對消費者對活動期間，購買的商品不滿意，可以無條件退貨。另外，Nike公司還認養國內三十座籃球場，以回饋社會，並繼續推動臺灣的籃球風氣。

臺灣Nike公司危機處理

簡單的危機處理一次就夠了！

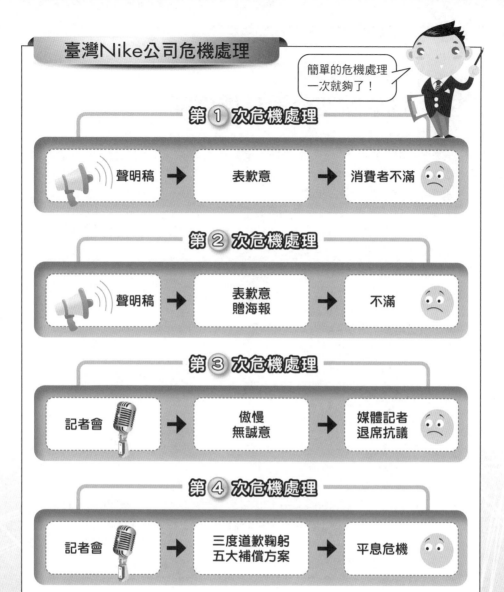

第①次危機處理

聲明稿 → 表歉意 → 消費者不滿

第②次危機處理

聲明稿 → 表歉意 贈海報 → 不滿

第③次危機處理

記者會 → 傲慢 無誠意 → 媒體記者 退席抗議

第④次危機處理

記者會 → 三度道歉鞠躬 五大補償方案 → 平息危機

211

知識補充站

Nike後續發展

行政院公平交易委員會在2004年10月21日裁定，主辦單位臺灣Nike公司營造消費者高度期待，卻未充分揭露喬登，在活動中實際出場時間。並藉這項活動拉高營業額，明顯損及消費者權益，違反公平交易法規定，處以新臺幣100萬元罰鍰。Nike公司指出，此次球迷會，當初是為追求創意秀的內容，沒想到將消費者期望提高後，卻無法滿足球迷的要求，再加上危機處理緩慢，這些都是Nike公司，始料未及的傷害！

Unit **9-10**
遠東航空公司危機個案

遠東航空創立51年，營運超過半世紀，但卻成為國內第一起航空公司，聲請重整案。遠航曾經是國內航線，最大、最賺錢的本土航空公司。它是創立於1957年6月5日，1996年12月上市，但是在2008年1月爆發財務危機，同年5月13日停止營業，因而造成遠航1,200多名員工失業。危機爆發主要原因：

一、競爭激烈：時值全球石油危機，加上臺灣「開放天空」政策，多家航空公司加入市場競爭，使得遠東航空市場占有率大幅下滑。

二、直航太慢：民航業的鼎盛時期，國內共有9家航空公司。但是拖延了十多年，兩岸直航仍未實現，造成了民航業者運能過剩。排名第一與第二的中華航空、長榮航空，因為航線較多、服務能量也大，尚能支撐。

三、高鐵通車：高鐵正式通車之後，許多旅客捨棄飛機改搭高鐵，航空業的商機明顯流失。根據航空業者統計，載客率大約下降二至三成。若是高鐵加開班次，載客率更會降到五成，虧損將持續擴大。

四、油價飆漲：2007年每桶原油，從第三季平均價75.4美元，提高到90.7美元，讓遠航前三季本業，就虧損3.7億元。

五、治理有誤

(一) 遠航票務工作違反一般慣例，與飛利旅行社簽約，全權授權飛利出售遠航機票，但飛利藉此賺取價差，每張價差高達數百元。據檢調估計，飛利出售的遠航機票，多達數萬張，飛利光是因機票價差獲利，就將近上千萬元。

(二) 簽訂問題和約：2006年間，遠航疑與吳哥航空訂下不平等租約，長達一年多，未向吳哥航空收取應收帳款，導致遠航遭受7億餘元重大損失。

(三) 應收帳款未收：遠航韓國濟州島航線，委託「韓馬旅行社」處理，但相關停機機棚租金等費用，遠航竟代墊1億餘元，且未催收入帳。

六、董事長掏空：前遠航董事長崔湧因被控掏空遠航，遭檢察官起訴具體求處18年重刑，2009年5月竟潛逃出境。公司最大的危機來源，竟是董事長崔湧。

(一) 遠航在1997年轉投資成立遠邦投資顧問有限公司，但崔湧擔任遠航及遠邦兩家公司董事長期間，分別在2000年、2001年間，將遠邦公司股權，低價出售給崔湧自己控制的英屬維京群島境外投資公司，導致遠邦及遠航損失4、5億元。

(二) 非法挪用公司資金：崔湧疑在2006、2007年間，非法挪用易飛網與誠信旅行社資金，高達5、6百萬美金，這些錢被匯入於崔湧個人轉投資的公司帳戶內。此外，崔湧還曾挪用易飛網的數十萬元資金，作為個人整修房屋、私人花費。

(三) 公司帳務不清：2006年間遠航飛中國上海的票務工作，是委託大陸某旅行社處理，但事後竟有數億元票款，未匯回臺灣遠航總公司帳戶，而是流向多個特定人帳戶。

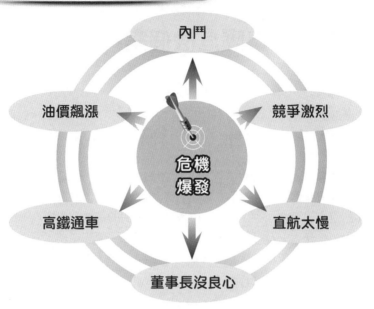

213

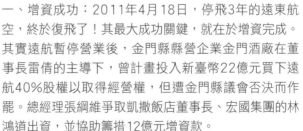

知識補充站

遠東航空公司危機處理

一、增資成功：2011年4月18日，停飛3年的遠東航空，終於復飛了！其最大成功關鍵，就在於增資完成。其實遠航暫停營業後，金門縣縣營企業金門酒廠在董事長雷倩的主導下，曾計畫投入新臺幣22億元買下遠航40%股權以取得經營權，但遭金門縣議會否決而作罷。總經理張綱維爭取凱撒飯店董事長、宏國集團的林鴻道出資，並協助籌措12億元增資款。

二、爭取民航局支持：沒有民航局的支持，遠航是無法復飛的！而民航局支持的背後，立法委員的協助，應該是重要的關鍵。根據《財訊雜誌》報導，總經理張綱維也找了立委羅明才等人協調債權。

Unit 9-11
富士康集團危機個案

一、形象危機

(一)危機爆發：中國《第一財經日報》在2006年6月15日的C5版，以標題為〈富士康員工：機器罰你站12小時〉的一篇文章，報導富士康員工超時加班工作，短發薪資。

(二)法律處理：富士康獨資子公司「鴻富錦精密工業」日前以名譽侵權糾紛為由，控告該報編委翁寶、記者王佑，除向翁寶索賠人民幣1,000萬元，向王佑索賠人民幣2,000萬元(人民幣)外，並將兩人位於廣州和上海的房產、一輛汽車、兩個銀行帳號戶全部查封、凍結。7月10日深圳市中級人民法院，查封了兩人的房產、汽車和存款。8月8日，富士康給報社發了一封律師函，提醒「貴報社並未列為被告，敬請留意」！

(三)結果
1. 8月18日，蘋果公司發布了一份報告，稱富士康複雜的工資結構，明顯違反了蘋果公司的供應商行為準則(Supplier Code of Conduct)相關要求。富士康員工的加班時間，超過了「行為法則」有關最高每週工作60小時，至少休息一天的規定。
2. 《第一財經日報》社方於8月28日午間，發表聲明譴責富士康，指將全力支持編輯與記者，並公開〈致鴻富錦公司律師函全文〉。最後在輿論反彈下，撤銷申請與告訴。

(四)啟示：形象危機不能以法律方式解決，這是沒有對症下藥！

二、跳樓自殺危機

富士康公司頻傳員工跳樓事件，面對社會輿論及種種質疑。

(一)初步危機處理與結果：剛出現幾起跳樓事件時，董事長郭台銘請來3位五台山高僧做法，希望能化解危機。結果：高僧做法之後，跳樓自殺的人更多！多到郭董說：「我壓力真的很大，我覺得我自己也需要看心理醫生。」

(二)深度危機處理與結果：根據問題，解決問題。在制度上改革(如待遇、工時、撫卹制度)，同時提出預防員工自殺的6大新措施。1.愛心天羅地網：在龍華廠各高樓底下裝置救生網，面積共150萬平方公尺；2.相親相愛小組：每50名員工編成1組，共5,000組，定期互相交流，有異樣隨時通報；3.心理醫師駐廠：70位資深心理醫師，進駐龍華廠區，提供即時心理治療；4.社工守第一線：1,000位社工，配合關愛中心運作，提供第一線投訴管道；5.新員工性向測驗：新進員工將做性向測驗，以供未來觀察及防護；6.夜晚平安專案：每晚派人巡邏各高樓樓頂，並將樓頂上鎖。自從這些措施後，跳樓事件逐漸消失。

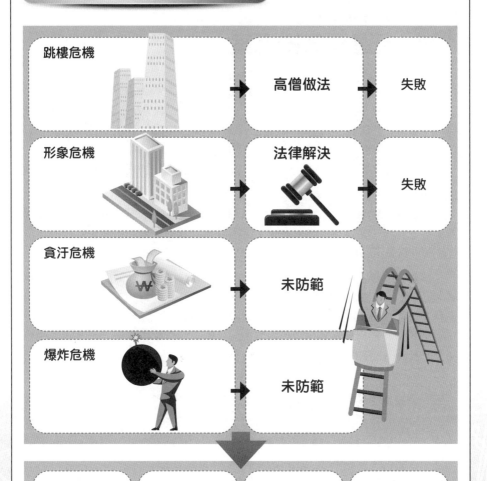

富士康集團危機

跳樓危機	→	高僧做法	→	失敗
形象危機	→	法律解決	→	失敗
貪汙危機	→	未防範		
爆炸危機	→	未防範		

結構危機　　士氣危機　　治理危機　　道德危機

知識
補充站

2012年5月富士康成都廠，因拋光車間粉塵引燃，導致爆炸，接著山東煙臺廠樓頂廢氣排放管線破裂，造成大火，9月富士康山西太原廠，爆千名員工群毆事件，11月深圳龍華廠，傳出員工在廠區外聚賭，遭公安查獲的騷擾事件。2013年富士康出現集體貪汙危機。從以往錯誤的危機處理，到這一兩年的危機，如果不能從源頭標本兼治，全面做好危機預防。就會像「打地鼠」遊戲，這個問題解決了，下個危機又出現了！

宏達電危機個案

　　2013年1月16日《壹週刊》借用監察院報告，揭露宏達電自2006年起，與高苑工商、高英工商、華德工家、中山工商、協志工商、達德商工及南強工商等7所學校建教合作，人數始終維持1,000人。但低工資、8人擠1間宿舍、用餐時間半小時，宏達電如此苛待高中建教生，因此是一間「血汗工廠」。

　　面對「血汗工廠」的指控，無疑是宏達電的形象危機！宏達電究竟是如何處理危機，並化解危機？

　　一、董事長說明原則：2013年1月16日董事長王雪紅聽到媒體詢問，第一時間的反應是，宏達電一定是要「以愛待人」。而且非常訝異，為什麼會有這樣的事情發生，王董非常有信心地答覆記者：「這怎麼可能？」「不可能！」

　　二、針對危機說明：公司針對此議題，具體說明：「該公司的建教合作學生實習方案，近二年學生實習人數平均低於450人，比例未達公司人力的5％。學生於實習服務期間，薪資為20,600元，實習滿一年調整為21,600元。另外，學生實習時數安排，均符合勞基法與教育部規定，課程內容由宏達電和合作學校專任老師共同討論與設計。」而且公司每年均與教育部合作，進行固定評鑑及訪視，並依法呈報主管機關，一切均符合政府法令，學生與一般同仁一樣享有勞健團保。

　　三、邀請媒體參觀廠區：17日對外開放廠區，並且帶領媒體，參觀提供給建教生的生活起居環境、訓練空間、食衣住行育樂等各項福利。以實際現況，駁斥不實傳言。

　　四、召開記者會：公司召開記者會，以更鄭重的方式駁斥謠言。

　　(一)針對薪資：宏達電人才資源副總經理劉筠棋表示，進入公司的高一建教生，實習薪資為新臺幣20,600元，實習1年後調整為21,600元，遠超過勞基法薪資標準；研發暨營運總經理劉慶東也說：「有哪一個被指稱『血汗工廠』的公司，會提供高於基本薪資的薪水？」。

　　(二)針對時間：在工作時數上，每天工作7小時，中間有45分鐘午餐時間，非報導所指30分鐘。

　　(三)針對工作：所有建教生均為日班，絕無大夜班；晚間則有教育訓練，平常也有學校派駐公司的老師輔導，宏達電也提供相關訓練，結合學生實務與理論的訓練。

　　(四)針對人數：近二、三年來聘用建教生的平均人數低於450人，並非公司主要人力來源，更非《壹週刊》所報導的1,000人。

　　(五)宏達電貢獻：宏達電提供建教生就業與技能的學習，是希望為國家培育人才，做長遠的規劃。

　　總合以上各項，宏達電認為不但不是「血汗工廠」，而且以其提供建教生各項保險、食宿、交通等福利，「相信臺灣沒有一個公司對建教生，有如此優渥的條件」。

宏達電危機處理

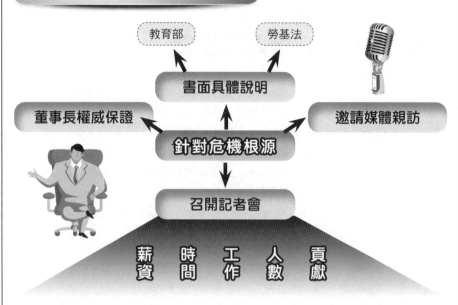

教育部　　　勞基法

書面具體說明

董事長權威保證　　　邀請媒體親訪

針對危機根源

召開記者會

薪資　時間　工作　人數　貢獻

知識補充站

挑戰iPhone，智鬥三星，「臺灣之光」王雪紅董事長，講話聲調沙啞，為人豪爽，她說：「我有夢想，但也非常務實。」她胼手胝足、一步一腳印，靠著創意發想、靠著團隊運作、靠著整合能力，更靠著上帝的恩典，打造出臺灣最具代表性的世界品牌。有記者曾問王雪紅：對年輕的一代來說，成功關鍵的因素為何？她回答說：「賺取金錢致富，並不是主要的因素，而是能夠對社會，產生價值和影響力。成功之道，就在於永不放棄。」

宗教
(謙卑與感恩的心)

大企業家父親的薰陶
(謙卑與感恩的心)

母親訓誨
(凡事要看長遠，不要只看眼前)

王雪紅董事長
成功關鍵

格局　韌性　堅持

Unit **9-13**
台積電危機處理個案

　　台積電是全球半導體產業的模範生，同時也是臺灣人心目中的標竿企業，可是在2018年因病毒的入侵，影響範圍遍及竹科、中科與南科等全臺廠區，因此震撼各界。台積電因此不僅損失52億元的財務，乃至聲譽、形象都造成嚴重的損害。

　　在從學術的研究及評論的角度之前，儘管這次危機爆發後的處理，有諸多的缺失。但還是要先強調其危機處理，值得其他企業借鏡之處。首先是總裁剛上任，沒有卸責，立刻就扛起危機總動員的核心角色，在總部天天召開緊急會議。

　　儘管中毒之際，正值週末，台積電北中南各廠區資訊工程師、資安工程師，全部進入備戰，分組檢查、了解中毒情況、抓病毒、解毒、測試……，若再加上外包、設備廠商派來救援人力，整整三千人的救援部隊，傾全力對付病毒。

　　就危機管理來說，最有問題的三個部分，一是危機預防，二是危機處理，三是危機溝通。

　　一、危機預防方面：病毒感染並不是什麼武功高強的病毒，而是老病毒WannaCry的變種。從台積電的聲明公告中，可知問題出在一批光阻原料，此批原料係來自一個與台積電，有多年供貨經驗優良的廠商(陶氏化學，Dow Chemical)，但與過去其供應之原料規格，有相當的誤差。雖然問題在於協力廠商，未按照相關的 SOP 作業，但台積電沒有進一步再做檢測。導致病毒潛伏於全新的機臺系統中，並且成功感染，這應該算是疏忽。

　　二、危機處理太慢：根據媒體的報導，該事件是在危機發生後，第三日晚上才啟動緊急會議，召集資訊部門、廠區相關自動化管理，以及相關部門主管開會應變。如果真的是這樣的話，那真的太慢了！

　　三、危機溝通欠妥：台積電能積極與客戶溝通及合作，表達台積電的相關努力與應變措施，因此客戶沒有要求支付違約金，這是其危機溝通成功之處。此外，台積電的領導人親上火線、親自對外溝通說明，因此提升其溝通的公信力。但也有其仍須改進之處，主要有以下兩部分。

　　(一)未即時溝通：危機爆發在8月3日，但8月4日才在對外的重大聲明中表示，此次起因是因為「新機臺在安裝軟體的過程中操作失誤」，讓病毒有機會連接到了公司內部電腦網路，進而進行擴散、感染，最終爆發大規模停工危機！對外危機溝通直到周一下午，才召開記者會說明。未能積極對外說明，傳遞正確即時的資訊，是危機溝通的重大缺失。

　　(二)溝通欠精準：根據媒體的報導，台積電連發兩條重大訊息，來說明中毒事件，並表示可在一天之內，可以控制與「排毒」。但事實並非如想像來的順利，一直到第三天，八月五日的下午，才控制了百分之八十；六日，才完全控制住。所以儘管台積電兩度透過公告，對外說明事件與影響情況，只是外界對於這起事件，仍存在許多疑問！

危機管理

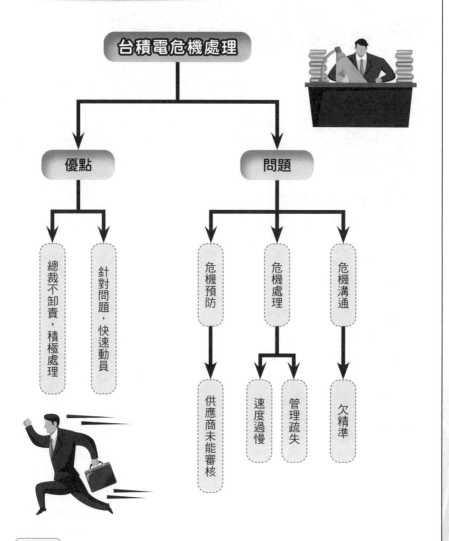

台積電危機處理

優點
- 總裁不卸責,積極處理
- 針對問題,快速動員

問題
- 危機預防
  - 供應商未能審核
- 危機處理
  - 速度過慢
  - 管理疏失
- 危機溝通
  - 欠精準

知識補充站

管理疏失

2017年台積電年報的黃光製程,主要的原料供應商,跟2016年相比,名單差異變大,家數也從七家增加到十家。為什麼陶氏原料這家公司在內?為什麼台積電驗收時,卻沒有發現?我認為這一部分是屬於管理疏失!2019年2月15日台積電臺南14廠的16與12奈米製程,使用了不合規格的「光阻劑」,可能導致上萬片晶圓報廢,這也是台積電管理疏失的另一證明。

Unit **9-14**
遠東集團危機處理個案

　　遠東集團曾是中國官方招商的指標，該集團涉入紡織產線、水泥重工、百貨服務等重要產業。但因兩岸「統一」與「獨立」的政治衝突，戰火硝煙波及到臺商企業。

　　根據中國新華社報導，遠東集團在大陸上海、江蘇、江西、湖北、四川等5省市，被查到遠東新、亞泥在當地出現環保、消防、生產安全、土地利用、員工健康、稅務及產品品質等問題，罰款近5億元人民幣。

一、針對遭罰缺失、即時改善

　　2021年11月22日遠東集團所投資的化纖紡織及水泥企業，被中國執法單位指出的多項缺失之後，並沒有去辯解這些「違法缺失」，而是積極改善，並在同月的30日公布，已經改善98%的缺失，其餘的部分，也即將在2021年底完成。同時，按時序繳納罰款及稅款，以滿足中國法律要求。

二、針對支持「臺獨」的指控

　　中共中央臺辦發言人於11月24日晚間表示，中國對遠東集團是「依法查處」、「事實清楚、證據確鑿」。儘管如此，但仍難免讓人有挾「怨」報復之嫌！因為在11月22日當天晚上，中共中央臺辦發言人指出：「絕不允許支持臺獨、破壞兩岸關係的人在大陸賺錢，幹『吃飯砸鍋』的事，廣大臺商臺企要站穩立場，與臺獨分裂勢力劃清界線。」

　　從中共中央臺辦的發言，顯然暗示懲罰有政治動機。針對這部分的危機，徐旭東則在危機爆發的8天後，以筆者投書的方式被刊在11月30日聯合報的頭版「逢中必反、讓人憂心」，表示「中國近幾年顯著進步，反觀臺灣的經濟政策、未來布局，卻無人問津，大格局的產業戰略，也沒有用心規劃」，文中也提到「反對臺獨、支持九二共識」，並指出2021年至10月為止，臺灣對中國的貿易順差已達862.5億美元，比2020年同期的705億美元更多，可見中國市場對臺灣經貿的重要性。

三、處理結果

　　2021年12月1日中國官媒「中央廣播電視總臺」發表文章指出：「徐旭東以前支持臺獨的錯誤行徑有了檢討，有改過自新的意願，這一點是順應大勢做出的明智之舉。」並期望真正「停止對臺獨分子的政治資金捐助，從源頭上打擊其謀獨囂張氣焰」，同時必須「徹底拋棄做兩面人、變色龍的幻想」，只有這樣，才能讓人相信徐旭東的表態是真的支持「九二共識」和「一個中國」原則，而不是為了維護在中國大陸利益所使出的「權宜之計」。

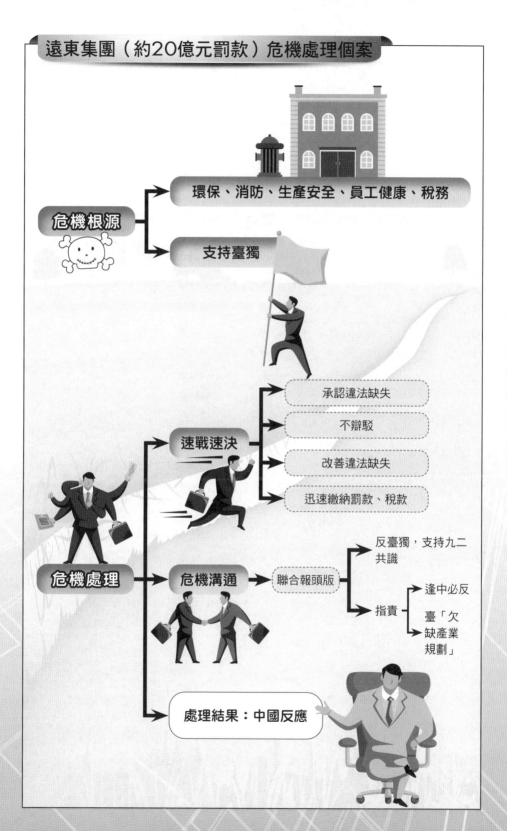

國家圖書館出版品預行編目（CIP）資料

圖解企業危機管理/朱延智著. -- 三版. -- 臺北
市：五南圖書出版股份有限公司, 2022.07
　　面；　公分
ISBN 978-626-317-860-1(平裝)

1.CST: 危機管理 2.CST: 企業管理

494　　　　　　　　　111007542

1FS5

圖解企業危機管理

作　　者 ― 朱延智

發 行 人 ― 楊榮川

總 經 理 ― 楊士清

總 編 輯 ― 楊秀麗

主　　編 ― 侯家嵐

責任編輯 ― 吳瑀芳

文字校對 ― 葉　晨

封面設計 ― 姚孝慈

出 版 者：五南圖書出版股份有限公司

地　　址：106台北市大安區和平東路二段339號4樓

電　　話：(02)2705-5066　　傳　　真：(02)2706-6100

網　　址：https://www.wunan.com.tw

電子郵件：wunan@wunan.com.tw

劃撥帳號：01068953

戶　　名：五南圖書出版股份有限公司

法律顧問：林勝安律師事務所　林勝安律師

出版日期：2013年 5 月初版一刷
　　　　　2016年11月初版三刷
　　　　　2019年11月二版一刷
　　　　　2022年 7 月三版一刷

定　　價：新臺幣300元

經典永恆・名著常在

五十週年的獻禮——經典名著文庫

五南，五十年了，半個世紀，人生旅程的一大半，走過來了。

思索著，邁向百年的未來歷程，能為知識界、文化學術界作些什麼？

在速食文化的生態下，有什麼值得讓人雋永品味的？

歷代經典・當今名著，經過時間的洗禮，千錘百鍊，流傳至今，光芒耀人；

不僅使我們能領悟前人的智慧，同時也增深加廣我們思考的深度與視野。

我們決心投入巨資，有計畫的系統梳選，成立「經典名著文庫」，

希望收入古今中外思想性的、充滿睿智與獨見的經典、名著。

這是一項理想性的、永續性的巨大出版工程。

不在意讀者的眾寡，只考慮它的學術價值，力求完整展現先哲思想的軌跡；

為知識界開啟一片智慧之窗，營造一座百花綻放的世界文明公園，

任君遨遊、取菁吸蜜、嘉惠學子！